圖解

건축과 설비의 접점

트러블 예방의 포인트

日本建築協會 企劃
仲本 尙志 · 馬渡 勝昭 · 赤澤 正治 著
건축정보센터 역

시공문화사

| 일러두기 |

이 책은 일본의 법률 · 건축기준법 및 국토교통부의 기술지침에 근거하여 작성되어 있습니다. 따라서 국내에 적용시 국내 법령이나 기준 · 규정에 맞는지 검토하여 적용하시기 바랍니다.

머리말

건물은 건축 디자인과 구성 및 설비기술의 테크놀러지가 융합되어 각종 건축공사나 설비공사에 의해 완성된다. 건축과 설비 관계자가 협업하여 다양한 조직체제 속에서 건설이 이루어지기 때문에 품질 트러블 또한 발생된다.

일본의 學藝出版社에서 이미 출간된 「건축 품질 문제 예방의 예시」에서는 주로 건축에 관계된 품질 트러블의 초점을 맞추어 「건물만들기」의 요점을 보여 주었다.

이 책은 건축과 설비의 연결부분을 "건축과 설비의 접점"을 파악하여 거기에 초점을 맞추고 문제예방을 위한 지침서이다. 건축기술이 다양화되고 설비기술에 있어서도 고도화, 전문화되면 거기에 새로 접점 영역이 발생한다. 건축에서 차지하는 설비 비중은 점점 증가하고 그에 따라 양자의 접점에서의 문제도 많이 발생하는 것으로 보인다. 문제에 관점을 고정시키면 설계단계부터 협력을 구축하고 건축과 설비 상호 이해 하에 「건물만들기」를 진행하는 것이 예방으로 연결된다.

접점에서 발생하는 많은 건축과 설비 담당자가 요청한 시설의 기능이 발휘되어 필요한 성능을 만족하는 것만으로도 충족하다고 생각하기 때문에 발생된다. "건축은 누구를 위한 것인가"라고 말하는 시점과 온난화에 의한 환경의 격변에 대한 자원절약, 에너지절약에 있어서의 관점에서 건축과 설비의 틀을 초월한 노력이 더욱 필요해졌다. 건설업계에서는 생산프로세스 중에서 BIM이 도입되어 디지털 구조건축의 흐름이 가속화되지만 완성시를 이미지화시키는 능력과 코뮤니케이션 능력은 여기서도 배제할 수 없다.

이 책 제1부에서는 건축공사 프로세스의 과정에서 숙지해야만 하는 건축과 설비의 접점에서 해설하고 제2부에서 건축과 설비의 접점 · 문제예방의 예시 100개를 정리하여 어디에서든 부담없이 열람할 수 있도록 배려하였다. 건축에 대한 젊은 기술자가 건축과 설비의 접점에 있어서 트러블의 예견과 예방이라는 발상, 「건물만들기」의 원점인 상태에서 돌아보는 계기가 되었으면 바램이다.

다시 말해 본서에서는 설비시설 전체의 트러블은 다루지 않고 어디까지나 건축과 설비의 접점과 거기에서 발생하는 문제를 다루고 있다.

차 례

제2부

트러블예방의 포인트 100 / 45

제 1 부

건축과 설비의 접점은 여기에

1
건축과 설비의 접점이라는 「연결」

건축과 설비의 접점을 건축과 설비의 「연결」이라 정의하고 「건축물의 라이프사이클」에서의 접점과 「건축물 부위와의 접점」과의 2가지로 대별한다. 건축물의 라이프사이클에서의 접점에 대해서는 「계획단계」, 「설계단계」, 「시공단계」, 「유지보전단계」의 4개로 나눠어서 해설한다.

접점은 여기에!

1 건물의 라이프사이클에 대한 접점
2 건물 부위와의 접점

1. 팀워크에 의한 「건물 만들기」

건축과 설비기술자가 협동하여 건축물을 만드는 경우 가장 중요한 것은 상호 이해를 바탕으로 하는 것이 팀웍이다. 설비설계자는 계획단계부터 참여하고 기본이 되는 설비사양과 등급에 종합적으로 관여하고, 사양과 등급의 일정한 일관성을 갖게 한 계획을 해야 한다. 계획설계, 시공, 유지보전의 모든 생산 공정에서의 접점의 융합을 도모하고, 품질 트러블의 예방조치를 확실하게 해 두는 것이다. 발주자의 기획을 받아서 계획 및 설계업무는 건축설계자가 하는 것이 일반적이지만, 설비설계자와 상호 이해를 바탕으로 팀워크에 의한 「건물 만들기」가 중요하다.

2. 휴먼 에러에 의한 품질 트러블

건축은 수주생산이더라도 하나의 제품생산이며 반드시 현지 생산하는 것이 특징이다. 설계도서를 토대로 현장에서 유일무이한 것을 만들기 때문에 동일한 공정에서 어느 한 가지 방법으로 건축하는 것이 아니다. 따라서 품질 문제 또한 동일한 것 같은 문제가 발생하더라도 그 원인은 하나하나 각기 다르다. 그로 위해 공사순서의 매뉴얼을 작성하고, 그 절차에 따라 시공하여도 품질에 문제가 발생한다. 이러한 품질문제는 예기치 못한 자연재해인 것을 제외하면 대부분 건축 생산과정에서 관여한 발주자, 설계자, 공사 감리자, 시공자, 설비전문업자 등 전문 관계자에 의한 휴먼 에러(사람에 의한 오류)로 기인한 것이다.

휴먼 에러에 의한 트러블

1 설계요인
2 시공요인
3 유지보전의 요인

3. 설비시스템의 사양 및 등급설정

건물이 완성되면서 발생하는 문제는 최종 사용자가 쓰는 것에 따라 기인된 경우도 적지 않지만, 설비시스템의 사양 및 등급설정을 잘못했기 때문에 건물의 사용자는「이런 것은 없었다」라고 주장할 수 있다.

건축에 대한 사회적 요구가 고도화, 전문화, 건물 사용자의 요구도 다양화되고 있다. 그로 인하여 시설과의 접점 또한 다방면에 걸쳐 있어 보다 더 전문화 되었다. 발주자의 요구에 맞는 건물을 제공하는 것으로는 발주자와 설계자 간의 사양이나 등급설정의 판단기준에 있어서는 납득할 때까지 충분히 협의하고 설비시스템의 사양 및 등급설정을 오류가 없도록 해야 한다. 그로 인한 설비시스템의 사양과 등급설정의 발주자로부터 명확하게 듣는 것이 무엇보다 중요하다.

공사계약 시점에서 모든 사양을 확정하지 않은 부분을 남겨서 잠정계약도서로 계약하는 경우가 많지만, 사양 및 등급설정에 관한 판단기준을 명확히 밝혀두어 발주자와 설계자, 시공자가 상호 계약조건과 계약도서의 내용에 합의해 두는 것이 중요하다.

2

건물의 라이프사이클에 대한 접점

건물이 완성되어 발주자에게 인도된 시점에서, 건물의 라이프사이클이 완결되는 것은 아니다. 인도 후 사회적 요구의 변화에 따른다. 건물에서의 요구기능 추가와 건물의 노후화 등에 의해 저하된 기능의 회복 등, 유지보전이 반복적으로 실시되어 건물이 존속하는 한 「건문의 라이프사이클」은 반복된다.

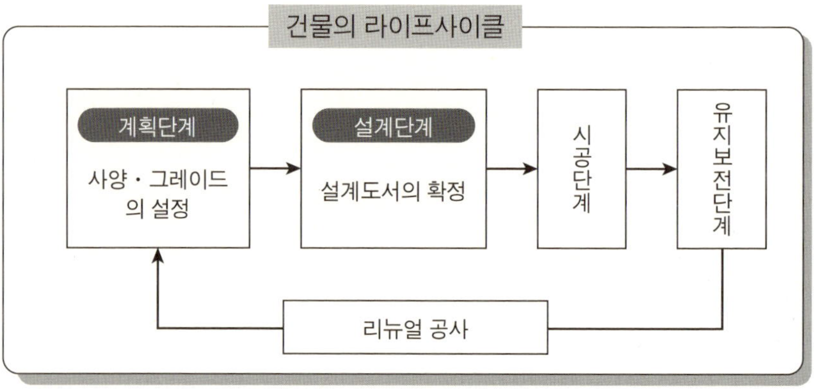

1. 사양이나 그레이드에 표준은 없다.

발주자와 충분한 협의를 거듭하여 사양과 등급설정을 해서라도 예산에 맞춰서 사양 및 그레이드 설정을 하면, 건축주가 품질에 만족하지 못하고 준공 후 「이런 것은 없었다」는 요구하면서 불평불만으로 이어질 수 있다. 건물이 준공 1년이 경과하고 처음 발주자가 당초 요구한 설비시스템이나 기기의 성능이 만족하는지의 여부가 판명된다. 「클레임 감소는 돈 나름」라고 말할 수 있는 이유라고나 할까

2. 건축의 라이프사이클과 설비와의 접점

건물의 라이프사이클의 흐름에 따라 단계적으로 주요업무와 거기에서의 접점에 있어서 「건물의 라이프사이클과 시설과의 접점」으로 정리하였다. 접점에서의 「문제예방의 포인트」에 대해서는 제2부 「트러블 예방의 포인트 100」을 참조하면, 확인해 두어야 할 점을 이해할 수 있다.

건물의 라이프사이클	설비와의 접점
계획단계	접점 1 설비사양 · 그레이드의 설정
설계단계	접점 2 입지조건 ① 부지경계선 ② 인접건물과의 관계 ③ 인프라의 위치와 인입 경로 ④ 전파장애 ⑤ 지반 접점 3 관련법규 ① 방화 · 방연구획을 관통하는 설비배관등의 사양 ② 기기설치의 필요 최소한의 스페이스 등 ③ 방화관련 접점 4 ④ 에너지 절약 관련 접점 5 설비기기의 방음 · 방진대책 접점 6 설비기기의 내진성능 접점 7 건물의 구조내력 공사구분
시공단계	접점 8 현지조사 접점 9 설비 기기 반입 계획 접점10 종합도서 작성 접점11 BIM의 활용
유지 · 보전단계	접점12 설비 기기류의 내용년수를 고려하한 갱신계획 접점13 적절한 메인터넌스 스페이스

2·1 계획단계에서의 접점

계획단계에서는 부지의 입지 조건이나 건물용도, 규모, OA화, IT화 등급설정 등 건물에 대한 요구성능을 파악하고, 설계요구 품질인 건물의 기능, 설비의 사양과 등급설정을 명확히 밝혀두는 설계의 기본방침을 확정하는 단계이다 .

접점1 설비사양 · 그레이드의 설정

계획단계에서의 접점은 여기!

접점1 설비사양 · 그레이드의 설정
계획단계에는 건물에 대한 요구성능을 파악하고, 설비의 사양 · 그레이드를 명확히 하여 설계의 기본지침을 확정한다.

1. 건축주의 요구 사항을 확인

계획단계 초기에서는 건축주 요구성능은 공개되어 있지 않은 경우가 많기 때문에 잠재적인 건축주의 요구를 어떻게 정리할 것인가가 관건이다. 중요한 설비 시스템이나 OA화 IT화에서의 건축주의 요구를 명확하게 파악하여 설계의 기본방침을 확정시켜는 일은 건축설계자와 설비설계자의 중요한 역할이다. 건축주의 요구사항을 확인하는 항목은 건축주의 특성이나 건물의 용도, 규모, 건물의 관리방법에 따라 달라지기 때문에 제일 먼저 「건축주 요망사항 확인 체크리스트」(표 1)를 작성하여 확인한다. 건물 용도에 대해 확인 항목의 내용은 변하지만, 기본적인 내용은 변하지 않는다. 「건축주 요망사항 확인 체크리스트」에서 설계의 기본방침을 확정한 다음에는 설비의 사양 등급설정을 하기 위해 「설비 사양 등급 설정의 분류 · 항목리스트」(표 2)에서 건축주의 요망사항을 확인하는 설비사양 · 그레이드의 설정 작업에 착수한다.

표1 건축주 요망사항 확인 체크리스트(사무소편의 예)

확인항목	내 용
건물용도	• 사무소 빌딩 주) 상업시설편, 생산시설편, 의료시설편, 호텔편, 집합주택편 등, 건축용도별에 건축주 요망확인 체크리스트를 작성한다.
사용목적	• 자사빌딩 • 임대빌딩 외
사용시간대	• 휴일의 유무 • 24시간 대응 외
수용인원	• 전체, 단계별, 구역별, 실별 외
설비시스템	• 사양 · 그레이드의 확인 • 건축주 예산
건축주사양	• 건축주 독자의 설계기준 · 시방서의 유무 • 메이커 지정, 업자지정 외
공사구분	• 공사, 용도공사, 테넌트 공사, 지급품 외
보수관리	• 자영 · 위탁(관리체제 및 보수계약) • 관리자의 상주 · 비상주, 기존 건물의 준공도의 유무
BCP 대응	• 전력 및 정보의 복수 루트, 복수 회선의 인입 • 비상용 자가발전 설비 • 배수의 재이용
장래계획	• 증개축의 가능성
에너지 절약 대응	• 고효율, VAV · VWV • 회생전력 • LED • Low-e 글래스 • 페리미터레스

2. 설비사양 · 그레이드의 설정 방법

설비사양 · 그레이드의 설정방법은 「설비사양 · 그레이드 설정의 분류 · 항목의 리스트 (예)」 (표 2)에 의해 건물 전체로 설정하는 것이 아니라, 건물의 용도 프로젝트의 특성에 맞게 분류 · 항목별로 판단하여 설정한다. 변경할 수 없는 절대적인 조건과 선택 가능한 조건에 따라 정리하고 사양 · 그레이드를 설정한다.

표2 설비사양 · 그레이드 설정의 분류 · 항목리스트 (예)

분 류	항 목	절대조건	조건1	조건2
스페이스	• 점유면적 (m^2/인)			
공조실 내의 환경기준	• 냉온방 콘트롤 단위 • 온도제어 · 습도제어 • 외기량 (m^3/h · 인) • 기류 (m/s) 외			
실내 소음에 관한 기준	• 소음치 (N/C)			
빛	• 수평면 조도 · 수직면 조도 • 조명기구			
정보통신 시스템	• 위성전파 수신 • LAN 네트워크 • 관내 무선전화			
플렉시빌리티	• 콘센트 전기용량 (VA/m^2) • OA 기기 발열부하 (kcal/m^2) • 분할가능 테넌트 수			
시큐리티	• 수전방식 • 방재 · 방범			
에너지 절약	• PAL ＊ (펄스타) 공조, 환기, 조명, 급탕, 승강기의 1차 에너지 소비량			

프로젝트마다 건축주와 협의하여 반드시 지켜야한다면 절대적인 조건과 공사예산 등으로 판단하여 선택 가능한 조건 1〉조건 2로 나누어 등급을 설정한다.

3. BCP 대응에 있어서

최근 세계 각지에서 일어나는 지진, 해일, 홍수 등의 자연재해나 테러, 사고 등 인위적 재해 등의 사업에 관련된 다양한 리스크가 표면화되고 있다. 이러한 자연재해와 인위적 재해 등의 예측이 불가한 사태에서도 사업을 지속하여 대응해야 하는 경우 기회손실을 최소화하기 위해 복구력, 대응력을 구축하는 것이 요구되고 있다.

BCP(Business Continuity Plan)란 재해 등 사태가 발생한 경우에 회사의 중요한 업무가 중단되는 초유의 사태가 일어나 업무활동이 중단된 경우에 최소 복구목표시간 내에 중요한 기능을 재개시키고, 업무중단에 따른 리스크를 최소화하기 위해 상시 비즈니스 연속성 전략을 준비해 두는 계획이다. 정부(중앙방재회의)는 대기업의 전체와 또 중소기업의 절반 이상이 BCP를 책정하는 것을 목적으로 하고 있다. BCP는 사업을 계속하기 위한 조직운영의 지침과 본연의 자세와 행동지침로 책정되지만 건축 · 설비의 하드기능과 일치하지는 않지만, 이상과 현실이 괴리되어 있는 경우가 많아 보인다. 그런 가운데 동일본 대지진에서는 많은 기업들이 예상치 못한 사태에 직면했다.

BCP를 실행 가능하게 하기 위해 건축 · 설비의 지침으로 삼아 건축 자체를 내진성과 수해에 대한 안전을 견고한 건물로 하여 건물의 생명선이나 중요한 사업활동을 지원하는 기능을 갖춘 자가 완전독립형의 견고한 시설을 만드는 것을 필요로 하고 있다. 이러한 BCP 대응은 건축과 설비의 접점으로 깊게 관련되어 있다.

자기 완결형의 시설로 하기 위해 BCP 대응

1. 전력 및 정보의 복수 루트, 복수회선의 인입
2. 비상용 자가 발전 설비
3. 시큐리티 대책
4. 배수의 재이용
5. 공조설비의 신뢰성의 향상
6. 지진에 강한 엘리베이터

2·2 설계단계에서의 접점

설계단계에서는 건축과 설비의 일관성을 유지하여 설계 도서를 완성시킨다. 설계도서를 통합하기 위해서는 입지 조건, 관련법규, 설비기기의 방음 · 방진대책이나 내진성능에 대한 검토와 조사를 충분히 실시하여 설계 도서를 확정하는 것이 중요하다.

설계단계에서의 접점은 여기!

- **접점2** 입지조건
- **접점3** 관련법규
- **접점4** 설비기기의 방음 · 진동대책
- **접점5** 설비기기의 내진성능
- **접점6** 건물의 구조내력
- **접점7** 공사구분

접점2 입지조건

접점2 입지조건의 포인트는 여기!

1 부지경계선
- 경계말뚝, 도로와 부지지반의 고저차의 확인

2 인접 건물과의 관계
- 급배기구, 굴뚝, 냉각탑의 인접 건물과의 관계

3 인프라의 위치와 인입 경로
- 인입 위치와 관의 매설깊이 관지름의 확인

4 전파장애
- TV나 정보통신 등의 수신장애의 확인

5 지반
- 토질이나 상수위의 높이, 매설배관 등의 부동침하 대책

접점3 관련법규

건축 설비를 규제하는 법률은 건축기준법 및 소방법 외, 건축 기준 관계 규정의 법령 뿐만 아니라 전기사업법, 빌딩관리법 등 관련된 것은 다방면에 걸쳐 있다.

접점3 관련 법규 포인트는 여기!

1 방화 · 방연구획을 관통하는 설비배관 등의 사양

2 기기설치의 필요 최소한의 공간 등

① 수조, 고가 수조의 6면 점검 공간

② 오일탱크, 수변전설비, 보일러의 설치공간

③ 설비 기능을 만족시키기 위한 공간(각종 바닥 수조, 천장내 챔버, 루버, 환기구 등)

3 방재 관련

① 소화수조, ② 소화기, ③ 스프링클러

④ 소방 활동용 개구부, ⑤ 가스기구의 급배기

4 에너지절약 관련

· 태양광 발전설비

접점4 설비기기의 방음 · 방진대책

설비기기의 소음 · 진동 원인에 대한 방지책은 설계단계에서 중요한 사항의 하나이다.

접점4 방음 · 방진의 포인트는 여기!

1 소음 · 진동의 원인이 되는 설비 기계실과 대상 시설과의 이격 거리

2 저소음 · 저진동 사양 장비 채용

3 소음 · 진동경로의 절연 (뜬기초, 방진매닮, EXP.J 기타)

4 설비기기실의 바닥, 벽, 천장, 문의 차음성능

접점5 설비기기의 내진성능

건축설비의 내진성능은 건물이 튼튼해야만 발휘되는 기능이다. 건축 설비의 내진설계는 건물 전체의 내진성능과 일관성을 유지하는 것이 중요하며, 일본건축센터의「건축 설비의 내진설계 · 시공지침」에 준하여 설계할 것을 권장한다.

접점5 기기의 내진 성능의 포인트는 여기!

1 전도방지대책

- 전도 우려가 없는 것 : 이동방지용 미끄럼 방지를 설치한다.
- 전도의 우려가 있는 것 : 들뜸 방지, 머리연결에서 지지한다.

2 방진지지

- 기기를 기초 슬래브 등에 방진장치를 통해 고정한다.
- 천장에 매닮는 기계는 진동 방지를 설치한다.

주) 운전시 진동이 발생해도 문제가 없는 경우에는 바닥이나 천장의 구조물에 직접 지지시키거나 기초 슬래브 등에 앵커볼트로 직접 고정하여 지지한다.

〈유의점〉

① 기기와 배관 · 덕트는 각각 지진력에 대한 응력이 다르기 때문에 가연 이음을 통해 연결한다.

② 내진지지 앵커볼트의 나사부(곡지름부)에 있어서 충분한 강도를 지탱시켜 작은 홈이나 콘크리트의 균열이 발생이 발생하지 않도록 콘크리트 강도, 기준 위치를 주의한다.

③ 지진시에는 큰 변위가 발생하는 경우가 많아 이동 · 전도 방지를 위해 스토퍼를 설치한다.

접점6 건물의 구조내력

접점6 구조 내력에 관한 포인트는 여기!

1 설비배관이나 덕트 등은 주요 구조부를 관통해야 된다.

2 전기 배관 등은 주요 구조부에 매설 배관을 해야 된다. 매설 배관을 집중시키면 콘크리트가 조밀하지 않아 「균열」이 발생하고 빗물이 침투되어 철근이나 매설강관이 부식된다.

〈유의점〉

① 배관의 관통, 매설하는 경우는 구조 설계자와 대책을 협의한다.

② 시공단계에서 관통이나 매설 배관의 위치 변경이 발생하지 않도록 설계단계에서 충분히 조정한다.

접점7 공사구분

공사 구분은 해당 공사가 모두 전문직 종사자에 의해 시공되는 것이 바람직하고, 가장 경제적이고 고품질인 것을 사용할 수 있는지의 여부에 따라 결정된다. 견적 누락이나 중복 등이 있으면, 시공단계에서 문제가 발생한다. 공사 관계자가 공사구분에 대해 명확하게 이해할 수 있도록 공사구분표를 작성하여 책임 소재를 명확하게 해두는 것도 아주 중요하다.

접점7 공사 구분의 포인트는 여기!

1 공사구분은 건축공사, 전기공사, 공조공사, 급배수 위생공사, 승강기 공사, 기타 공사로 분류되는 것이 일반적이다.

2 공사 종류별 시공범위와 시공자를 지시하여 특기시방서 등 공사견적 구분을 표기한다.

3 다양화된 전문 직종 간의 담당 공사영역을 명확히 한다.

2·3 시공단계에서의 접점

시공단계에서의 설비와의 접점은 현지조사, 가설계획, 각종 신청수속, 공정관리, 설비기기 반입계획, 종합상황도 작성과 광범위한 범위에서의 다방면에 걸쳐 있다. 건축 설비 상호간의 충분한 의견 조율이 이루어지지 않으면 시공단계에 있어서 재작업 시공 방법의 변경이 발생하여 공정·품질·공사비에 커다란 영향이 발생한다.

시공단계에서의 접점은 여기!

- **접점8** 현지조사
- **접점9** 설비기기 반입계획
- **접점10** 종합상황도 작성
- **접점11** 트러블 예방을 위한 BIM의 활용

접점8 현지조사

현지조사는 계획 및 설계에 착수하기 전에도 실시한다. 시공단계에서의 현지조사의 포인트는 설계도서의 기재 내용과 현지상황과의 불일치되거나 일관성이 없는지를 확인하는 것이다. 자세한 내용은 접점 2를 참조바람.

접점9 설비기기 반입계획

주요 기계실이 지하에 있는 경우와 최상층에 있는 경우에서는 전체 공정에 영향을 미치는 경우가 많다. 가설의 반입과 크레인의 설치위치는 설비공사와의 관련을 보고 종합적으로 결정해야 한다. 신축시에 설비기기의 갱신계획을 고려하지 않고 머신해치의 위치를 정하거나, 기기 반입경로가 확보하지 않고 건물이 완성되게 되면 시설 장비 업데이트시 건물을 일시적으로 휴관하거나 곤란한 공사상황을 초래할 뿐만 아니라 업데이트 공사비가 늘어나게 된다.

접점10 종합상황도 작성

종합상황도로는 작성된 설계도서(건축도면, 구조도면, 설비도면)에서 구조 구체 치수 및 보의 위치, 슬래브 내림 등을 볼 수 있게 하고 건축과 설비 간, 설비 상호간의 관련 공사에 설비배관 및 덕트의 연결을 고려하여 장비 배치를 조정하고 설비기기 등의 위치를 각층 평면도, 전개도를 작성하여 기입하는 것이다.

종합상황도를 작성하는 단계에서 건축설계자, 설비설계자, 각종 설비공사 관계자가 협의하여 예상되는 문제점을 예측하고 시공을 착수하기 전에 대책을 세운다. 종합상황도를 작성하는 것은 BIM의 워크플로우 챠트속에서 프론트 로딩이나 간섭 체크를 통해 예상되는 위험을 예지하고, 그에 대한 예방조치를 실시하는 것을 목적으로 한다.

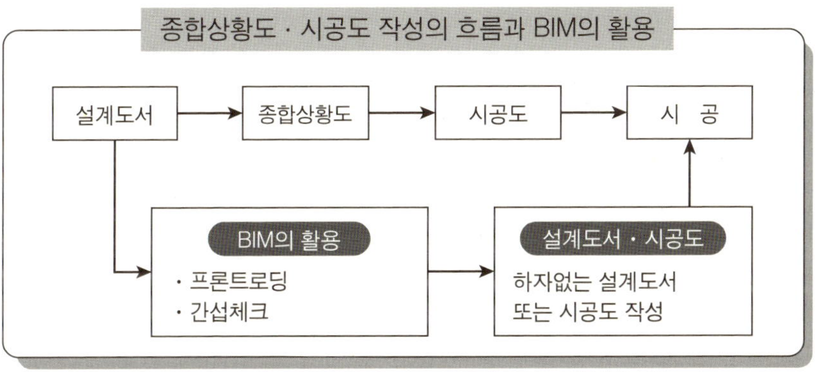

건축생산 프로세스의 대세는 BIM을 도입하여 디지털 구조(Digital Construction)의 대세가 가속화되고 있다. BIM(Building Information Modeling)은 컴퓨터에서 3D 건축물 정보를 데이터화하고, 가상 3차원 입체모델에서 건축을 구축하는 것이다. 건축, 구조, 설비 및 생산기기 등 건축하는 데 필요한 모든 정보를 디지털화하여 설계 도서를 모아서 데이터화하여 올린다. 설계변경이 있을 경우에는 3차원 모델을 수정하면 자동으로 변경내용이 설계도에 반영되어 불일치한 정보를 일관성 있게 설계도 및 시공도를 만들 수 있다.

생산 프로세스를 가상으로 시각화하여 각종 시뮬레이션 및 참여체크 등이 가능하며, 건축, 구조설비의 관계자가 불일치한 정보를 빠르게 공유하여 트러블에 대한 예방조치를 취할 수 있다. 『BIM 가이드』 IPC(ISO16793 : 2013의 국제 규격) 형식으로 출간되었다. 다른 BIM 소프트웨어에서 작성된 BIM 모델에도 호환할 수 있다.

트러블 예방툴로서의 BIM

1 설계의 「가시화」과 「정합성」

2 간섭 체크 (중첩)

건축, 구조, 설비의 설계 도서의 연동으로, 기둥, 보, 천장, 덕트, 배관 등의 외형 치수 및 각종 클리어런스의 간섭을 체크한다.

3 제품의 유닛화, 프리패브화 개발 툴(도구)

건축 설비의 접점 영역의 융합을 통해 제품이나 부품의 유닛화와 프리패브화 하고, 내장 공사 일체를 공장생산하는 것도 가능해졌다. 욕실 및 위생 장치, 시스템키친 유닛, 외장 커튼월이나 전기배관 등을 조립한 설비 칸막이 유닛 등이 대표적 사례이다.

COLUMN

Digital Construction

현재의 건설업계는 디지털 컨스트럭션의 대세에 다른 방향으로 흘러가고 있다. 건축의 생산현장은 임시로 짓는 건물도 일품 생산품이다.

BIM 등 디지털 정보기술을 건축생산에 응용함으로써 시공의 정밀도 확보와 안전성 향상, 공기단축 등 혁신이 일어나고 있다. BIM과 디지털 응용프로그램의 보급 등 디지털 정보기술이 설계단계부터 시공단계에 이르기까지 종합적으로 건축 디자인의 혁신과 고품질, 고정밀도의 건물을 창출하는 건축물의 디자인과 생산기술의 융합이 생성되고 있다. BIM 데이터를 활용하여 디지털로 건축 시공을 실현하는 시대가 올지도 모른다. 이러한 새로운 건축의 방향성을 디지털 컨스트럭션으로 파악하고 있다.

건설업계의 업무형태는 클라우드에서 BIM 데이터, 도큐멘트 등을 통합관리하고 모든 이해 관계자와의 정보공유 기반이 확립되는 것은 건설업계의 과제이다. 작업 기능자의 감소와 고령화, 건설현장에서의 생산성 향상에도 기여할 것으로 생각한다. IoT (Internet of Things) 기술과 AI 및 로봇 활용의 사회적 기반이 확립되면, 대세인 디지털 건설의 흐름은 더더욱 가속화될 것이다.

2·4 유지 보전 단계에서의 접점

설계 · 시공 · 유지보전은 삼위일체로서, 이 밸런스가 무너진다면 좋은 건물이라 말할 수 없다. 건물의 초기비용을 줄이기 위해 유지보전의 측면을 경시한다면 준공 후 유지 · 관리의 문제가 발생기하거나 관리비용이 예상보다 많아지게 된다. 유지 · 관리가 용이하고 설비기기의 내구년한에 도달하더라도 건축물 기능이 정지되지 않게 업데이트 하는 것이 가장 중요하다.

유지 보전 단계에서의 접점은 여기!

- **접점12** 설비기기류의 내구년한을 고려한 업데이트 계획
- **접점13** 적절한 유지 보수 공간

접점12 설비기기류의 내구년한을 고려한 업데이트 계획

건축물의 수명에 비해 설비기기의 수명은 짧다. 건물의 내구년한은 구조 구체에서 50년 내지 60년, 설비기기와 시스템은 15년 내지 20년 정도이며, 건물 본체가 사용 가능한 동안, 설비기기와 시스템은 계속적으로 이어지는 개, 보수, 업데이트가 필요한 것이 일반적이다. 설비기기의 기능저하현상을 조사 · 진단하고 그 영향이 허용되는 동안 보수 · 갱신 업데이트 계획을 실시하는 것이 필요하다. 또한 옥상 방수 등에서는 건축의 유지 · 관리 주기가 더 짧은 경우도 있어 설비에 영향을 줄 수 있다.

설비기기의 열화요인

- **요인1** 경년변화나 내용년수에 의한 열화
- **요인2** 법적 요인
- **요인3** 사회적 요인

요인1 경년변화나 내용년수에 의한 열화

설비기기 및 시스템 유지 · 관리관리를 철저히 한다하더라도 시간이 경과함에 따라 기능이 점차적으로 저하되고 기능을 잃게 되고, 보수한다 해도 기능회복이 어려워 수명을 다하게 된다. 물리적인 열화의 진행은 설계사양, 시공방법, 유지관리 및 관리방법에 따라 달라지게 됨으로써 결과적으로는 기능저하 및 기능정지 등의 기능장애를 일으키게 된다.

요인2 법적 요인

건축기준법, 소방법, 에너지절약법이나 공해방지법 등 건축설비에 관한 법률의 개정에 따른 소급적용이나 행정지도가 있다. 기존의 방화대상물에 설치되는 소방용 기계기구 등은 규격의 개정에 따라 새로운 표준을 준수하지 않는 것은 형식승인의 효력을 잃는다. 이러한 것들은 일정한 기간으로 제한하고 규격에 적합한 것으로 교환해야 한다. 또한 건물을 관리하는 측의 안전의식과 에너지절약 의식의 고양에 의해 설비기기의 업데이트도 진행된다.

요인3 사회적 요인

시간이 경과함에 따른 업무형태의 변화에 의해 건축 설비의 각종 기능에 대한 요구 품질도 다양화되고 복잡해졌다. 기능면, 경제효율, 에너지절약, 안전 및 보건위생은 건물이 준공했을 때와 비교하여 요구품질에 대한 갭이 발생하게 된다. 갭을 해소하는 것을 목적으로 한 갱신 업데이트 계획요인은 사회적 요인에 해당된다.

접점13 적절한 유지 보수 공간

기기나 배관류를 교체할 때 빌딩의 기능정지 없이 원활하게 공사가 진행되도록 처음 계획단계에서부터 갱신 업데이트 개축 계획에 필요한 공간을 확보해 둘 필요가 있다. 이 공간은 설비기기류의 일상적 상시관리를 위한 공간도 된다. 메인터넌스 공간이 제대로 확보되지 않기 때문에 정기점검 및 일상점검이 곤란해지고, 유지 보수의 불편과 경우에 따라서는 비정상적인 관리비용이 추가될 수 있다. 설계 및 시공 중에 고려되는 기능상의 특징은 건축주 및 건물의 보전관리(시설관리기술사)에 「취급 설명서」를 작성하여 기기의 조작과 함께 충분히 설명하고 건물을 인도하는 것이 매우 중요하다. 적절한 유지 · 관리 공간은 환경 위생상 문제가 되는 것에 대하여는 빌딩관리법 및 급배수 설비에 관한 법을 준수하여야 한다.

3

건축부위와의 접점

건물 부위와의 접점을 구체관련, 마감관련, 승강기설비, 외구관련 등 네 가지로 대별하여 「건축 부위와 설비와의 접점」으로 정리하였다. 접점에서의 트러블 예방의 포인트에 있어서는 제2부를 참조하면, 꼭 지적해 두어야만 하는 점을 이해할 수 있다.

<table>
<tr><th colspan="2">건물부위</th><th colspan="2">설비와의 접점</th></tr>
<tr><td rowspan="10">구체관련</td><td rowspan="3">지하층</td><td>접점 14</td><td>접지</td></tr>
<tr><td>접점 15</td><td>지하벽 관통부의 지수대책(인프라의 구축. 면진대책)</td></tr>
<tr><td>접점 16</td><td>각종 지하수조(축열조, 오수조, 소화수조)</td></tr>
<tr><td rowspan="4">지상층</td><td>접점 17</td><td>외벽 등으로의 설비배관의 삽입</td></tr>
<tr><td>접점 18</td><td>각종 관통부 처리(바닥이나 벽, 방화구획 관통부 방수층 관통부)</td></tr>
<tr><td>접점 19</td><td>설비기기의 진동 · 소음대책, 기계 기초의 내진성)</td></tr>
<tr><td>접점 20</td><td>샤프트 아무림</td></tr>
<tr><td rowspan="3">옥상층</td><td>접점 21</td><td>옥상 방수층 관통부의 지수대책(옥탑방, 통기관)</td></tr>
<tr><td>접점 22</td><td>옥상 방수 및 기기 기초</td></tr>
<tr><td>접점 23</td><td>피뢰침, 안테나, 곤돌라의 수신 장애 등</td></tr>
<tr><td colspan="2" rowspan="3">마감 관련</td><td>접점 24</td><td>천장(점검구, 조명계획, 환기구)</td></tr>
<tr><td>접점 25</td><td>벽(차음 칸막이 벽, 기구설치, 방습 · 방열사양, 루버)</td></tr>
<tr><td>접점 26</td><td>바닥(배선 피트, 바닥 배수계획, 뜸기초)</td></tr>
<tr><td colspan="2" rowspan="2">승강기 설비</td><td>접점 27</td><td>승강기 관련공사</td></tr>
<tr><td>접점 28</td><td>에스컬레이터 안전대책</td></tr>
<tr><td colspan="2" rowspan="3">외벽 관련</td><td>접점 29</td><td>인프라의 인입(지중벽 관통부의 방수처리)</td></tr>
<tr><td>접점 30</td><td>배수의 공공 하수도에 연결</td></tr>
<tr><td>접점 31</td><td>매설 배관의 지반침하대책</td></tr>
</table>

건축부위와 설비와의 접점 단면도

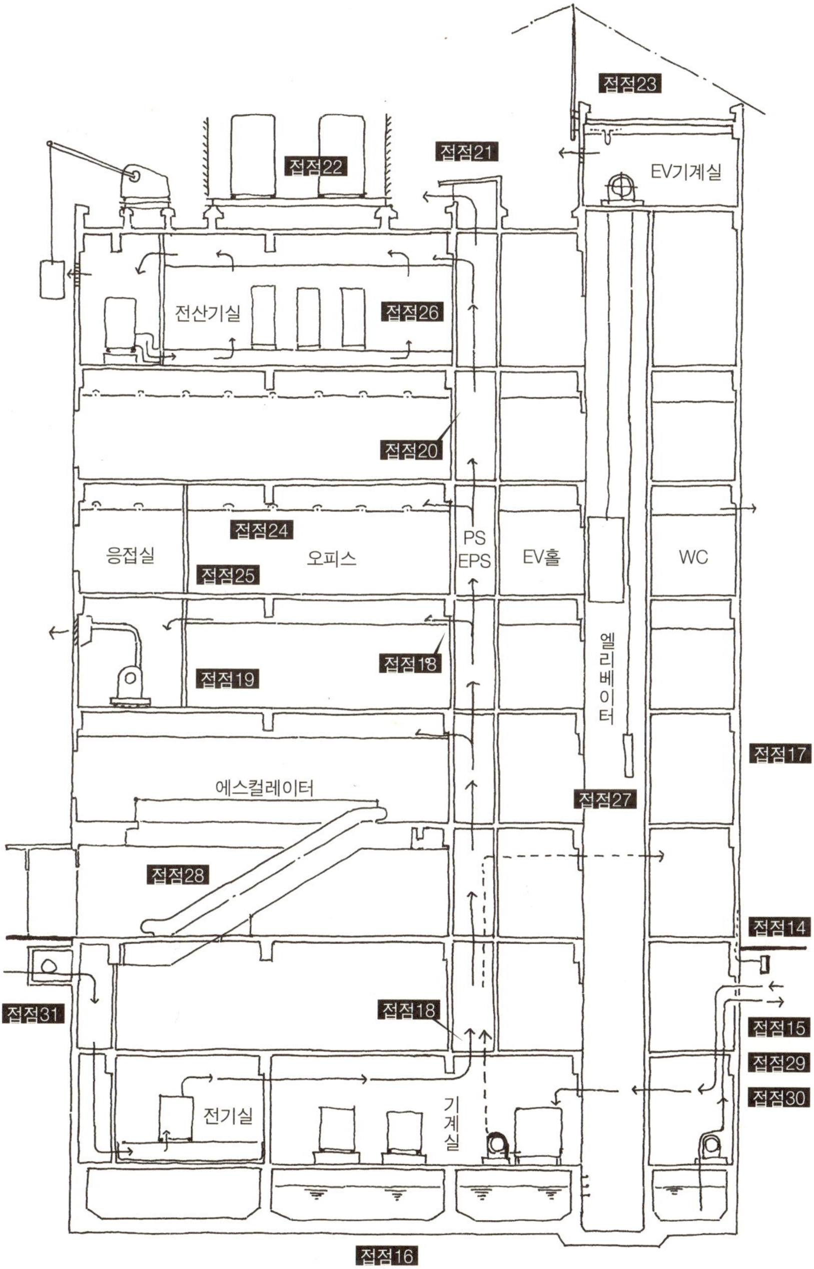

3·1 구체 관련과의 접점

구체 관련 부위를 지하층, 지상층, 옥상층의 세 가지로 나누어 설명한다.

구체관련 부위와의 접점은 여기!

【지하층에서의 접점】

접점14 접지

접점15 지하벽 관통부의 지수대책(인프라 인입, 면진이음)

접점16 각종 지하수조 (축열조, 오수조, 소화수조)

【지상층에서의 접점】

접점17 외벽 등으로의 설비배관 삽입

접점18 각종 관통부 처리(바닥이나 벽, 방화구획 관통부 방수층 관통부)

접점19 설비기기의 진동 · 소음대책, 기계 기초의 내진성

접점20 샤프트 아무림

【옥상층에서의 접점】

접점21 옥상 방수층 관통부의 지수대책 (옥탑방, 통기관)

접점22 옥상 방수 및 기계 기초

접점23 피뢰침, 안테나, 곤돌라의 수신 장애 등

1. 지하층에서의 접점

건물의 지하층은 설비에 따른 현장에서도 심장부라고도 할 주요 설비 기계실이 배치되는 경우가 많고, 인프라의 인입을 위해 지하 외벽을 설비배관이 관통한다. 또한 건물의 기초판을 이용한 각종 지하수조들도 있다.

접점14 접지

접지를 필요로 하는 설비는 변전설비에 관한 것 외, 피뢰침, 전자통신기기, 위험물 등 다방면에 걸친다. 피뢰침 접지극(JIS A4201)은 각 인하도선에 1개 이상 연결하고 지하 0.75m 이상(전기설비공사감리지침)의 깊이에 매설한다.(→ 037 접지 극도선에서의 누수)

접점15 지하벽 관통부의 지수 대책 (인프라 인입, 면진이음)

지하벽 관통부의 지수대책 (→004 설비배관이 외벽을 관통할 때)은 인프라의 인입과 지상층에서의 외벽 관통부 처리나 방수층 관통부의 지수에도 관계한다. 접점18 이나 외벽 관련과의 접점에서 함께 해설한다 (→010 배관류의 이음은 지진에 강함 / 012 시설 인프라를 인입할 때)

접점16 각종 지하수조 (축열조, 오수조, 소화수조)

지하 콘크리트 구체를 이용한 각종 지하수조에서는 축열조나 배수조(오수 · 잡배수조), 소화수조나 빗물 저장수조 등의 바닥 수조가 있다.

지하 수조 시공의 포인트는 여기!

① 축열조는 단열 · 방로대책
② 배수조는 방취대책과 구조물의 부식방지(→ 078 피트의 오수조는 부식)
③ 소화수조를 복수의 지하 피트로 구성하는 경우, 수조용량은 감압 계산하여 수조 용량을 결정한다(→ 084 소방 수조의 유효용량)
④ 수조벽을 관통하는 배관 관통부의 지수처리

2. 지상층에서의 접점

중간층에 설치된 기계실에 설치한 기기로부터의 진동 · 소음의 전반이나 외벽 루버, 배관의 방화구획 관통 등 다방면에 걸친다.

접점17 외벽 등에서의 설비배관 삽입

전선관 등 설비배관은 원칙적으로 외벽이나 주요 구조부로의 삽입은 피한다. 구체에 삽입된 경우는 구조체의 단면결손, 콘크리트 피복두께의 부족에 의한 균열발생을 유의한다. 균열로 인한 우수의 침입이나 피복두께의 부족에 따른 설비배관 안에 내부결로를 발생시킬 우려가 있다.

외벽 등에서의 설비배관 삽입의 포인트는 여기!

① 외벽이나 슬래브에서의 배관삽입은 전선관 상호간의 간격을 40mm 이상으로 하고, 콘크리트의 피복이 완성되지 않은 경우에는 벽이나 슬래브를 증타하여 피복두께를 확보한다.
② 삽입배관이나 박스 등 콘크리트 피복두께를 25mm 이상으로 한다.
③ 외벽이나 바닥이 이중 배근인 경우는 반드시 철근과 철근 사이에 배관을 삽입한다.

접점18 각종 관통부 처리(바닥이나 벽, 방화구획 관통부, 방수층 관통부)

① 바닥이나 벽의 관통부 처리

일반적인 바닥이나 벽의 관통부에 주의해야 할 점은 관통하는 배관이나 덕트가 진동하지만 진동을 수반하지 않는 경우에는 관통부의 아무림이나 지지방법이 다른 것이다.

② 방화구획 관통부 처리

방화구획 관통부 처리는 화재가 발생한 경우에, 벽 바닥 등의 방화구획이나 철골 내화 피복을 관통하는 설비부재나 관통부 주변에서의 화재 연소, 확대를 방지할 수 있다.

방화구획의 관통부 처리의 포인트는 여기!

① 내화 구조의 방화구획, 방화벽 등을 관통하는 배관은 양측 1m 이내의 부분은 불연재로 하거나 또는 불연재로 피복한다.
② 방화구획, 결합구획을 관통하는 덕트에는 방화 댐퍼 또는 방염 댐퍼를 설치, 유지 보수를 위한 점검구가 필요하다.
③ 철골 내화피복의 관통부 배관 단열재는 록울(암면)을 사용한다.
④ 건식공법인 경우는 내화피복을 시공한 다음 설비배관을, 습식공법인 경우는 배관의 시공을 먼저 실시하고 내화 피복은 후 시공한다.

③ 방수층 관통부의 처리

설비관련의 방수층 관통부는 건물 외벽이나 옥상 방수 등의 비를 맞게 되는 장소와 기계실이나 화장실, 주방 내부 방수 부분이 있다.

방수층 관통부 처리의 포인트는 여기!

① 외벽 관통부의 처리는 빗물 침입 방지책
② 옥내 방수층의 설비배관 관통부 지수처리와 바닥의 물매

접점19 설비기기의 진동 · 소음대책, 기계 기초의 내진성

설비 기계실의 주요한 것은 전기실, 발전기실, 축전지실, 공조 기계실에 있다. 기계실은 지하층, 중간층(지상층) 옥상층에 설치되지만, 지상층 어딘가에 정리하여 설명한다. 공통으로 언급한다면 설비기기가 내는 진동 · 소음 대책이나 기기 설치에 관한 기계 기초와의 내진성이 주요한 포인트이다.

진동, 소음대책과 기계 기초의 내진성의 포인트는 여기!

① 기계실 · 전기실은 취음 · 차음 대책이 필요.
② 방진이 필요한 기기는 방진장치나 내진 스토퍼를 장착하여 이동, 전도를 방지한다.
③ 방진이 필요없는 기기는 기초, 바닥 슬래브, 벽, 보 등으로 지진력에 알맞은 방법으로 확실하게 고정한다.
④ 배관 · 덕트는 방진대책
설비기기나 구체로는 가요성이 있는 융통성 있는 이음으로 진동절연을 한다.
⑤ 콘크리트 기초는 원칙적으로 주요 구조부와 일체 구조로 한다.
⑥ 설비기기에 작용하는 지진력으로 기기가 이동, 전도하지 않도록 지진력에 견딜 앵커볼트로 기초에 지지 고정한다.
⑦ 자립형 기기에서 키가 높은 것은, 전도 방지 상부지지를 한다.

접점20 샤프트 아무림

샤프트에서 덕트나 설비배관을 꺼낼 부분에는 설비배관류가 집중된다. 콘크리트 처짐벽을 설치하여 관통개소에 박스를 설치해 두면, 배관을 시공한 다음 관통 작업이 있을 경우 작업이 용이해진다.

3. 옥상층에서의 접점

옥상층에서의 접점은 방수층을 관통하는 배관류나 설비기기의 기초, 피뢰침과 안테나, 굴뚝 등이 있다.

접점21 옥상 방수층 관통부의 지수대책(옥탑방, 환기관)

옥상 방수층 관통부의 지수대책의 포인트는 여기!

① 배관 · 덕트의 노출은 옥탑방을 설치 방수층을 관통하지 않는다. 또는 방수 치올림 부에 따라 상부의 벽을 관통하여 물끊기를 설치한다.

② 공동주택의 통기관은 실관 슬리브를 두어 방수층을 감아올린다.

접점22 옥상 방수 및 기계 기초

옥상 방수와 기계 기초의 포인트는 여기!

① 기계 기초는 철골 구조물의 이용 등으로 수를 최대한 줄인다.

② 방수 시공상, 방수 턱 간격은 600mm 이상 확보한다.

접점23 피뢰침, 안테나, 곤돌라의 수신장애 등

피뢰침 · 안테나 등 설치의 포인트는 여기!

① 설치 장소에 있어서 풍압의 상황 등을 고려하여 계획한다.

② 공동주택은 원칙적으로 용마루 도체를 채용한다.
자립형 피뢰침은 바람에 의한 공진에서 소음 · 진동이 전파된다.

③ 앵커볼트는 구체에 삽입하고 지지재는 스테인레스제로 한다.

3·2 마감관련과의 접점

천장 안이나 벽 · 바닥에 설치하는 설비기기나 배관류는 마감공사가 완료되면, 천장, 벽, 바닥의 마감재로 은폐되어 건물이 인도된 다음의 유지보전에 관련된 사람들의 눈에 직접 보이지 않고 확인할 수 없어 문제의 요인으로 이어질 수 있다.

마감관련과의 접점은 여기!

접점24 천장(점검구, 조명계획, 환기구)
접점25 벽(차음칸막이, 기구설치, 방습 · 방열사양, 루버)
접점26 바닥(배선 피트, 바닥 배수계획, 방진사양, 뜸기초)

접점24 천장(점검구, 조명계획, 환기구)

① 공조 설비의 기능을 충분히 발휘시키기 위해, 브레이스(가새)와 벽과 천장의 클리어런스도 고려하고, 적절한 덕트의 단면을 확보할 수 있는 천장의 공간을 고려하여 확보한다.

② 점검구는 메인터넌스를 할 수 있게끔 적절한 위치에 설치한다.

③ 조명계획, 조명 등 · 등기구, 샹들리에 등의 낙하방지책.

접점25 벽(차음칸막이, 기구설치, 방습 · 방열사양, 루버)

① 방로대책

② 차음 · 취음대책 : 차음 칸막이는 위층 슬래브 아래까지 벽을 늘인다. 차음칸막이에 설비기구를 설치할 경우에는 기구설치용벽을 차음칸막이에 맞춰서 설치한다.

접점26 바닥(배선 피트, 바닥 배수계획, 방진사양, 뜸기초)

① 바닥 배선피트의 지수 및 방로대책

② 바닥 방진대책 : 들뜸바닥 기초 등

③ 내부 방수 바닥의 배수계획 : 주방의 바닥사양, 그리스트랩 등

·3 승강기 설비와의 접점

엘리베이터(EV)와 에스컬레이터와의 접점은 건축기준법 및 동법 관련 법령 「승강기 기술 기준 해설」(일본건축설비 · 승강기센터, 일본엘리베이터 협회) 규격 설정 장인 기준과 안전대책이 있다.

승강기 설비와의 접점은 여기!

접점27 엘리베이터 관련공사
접점28 에스컬레이터의 안전대책

접점27 엘리베이터 관련공사

① 승강로의 벽은 내화구조
② 지하수의 용수대책
③ 승강로나 피트로의 빗물 침입대책
④ 승강기 내부온도 유지
(→093 엘리베이터 관련공사)

접점28 에스컬레이터의 안전대책

① 끼움방지
② 에스컬레이터에서의 추락방지
③ 지진시의 에스컬레이터의 탈락방지
(→100 에스컬레이터 에스컬레이터의 안전대책)

3·4 외구 관련과의 접점

외구 관련과의 접점은 인프라의 인입 및 배수의 공공 하수도에서의 접속 등이 있다. 이러한 인프라에 관한 매설배관은 특히 지반침하대책이 중요하다.

외구 관련과의 접점은 여기!

- 접점29 인프라의 인입(지중벽 관통부의 방수처리)
- 접점30 배수의 공공 하수도로의 접속
- 접점31 매설 배관의 지반침하대책

접점29 인프라의 인입(지중벽 관통부의 방수처리)

인프라는 급수, 가스, 전력, 전화, 통신선 등의 인입이 있다.

건물 내의 흙사이의 매설 배관은 원칙적으로 피하고 피트 내에 배관한다. 흙사이의 매설배관은 공사중, 외력에 의한 파손 및 침하에 의한 물매 불량, 부식 등의 문제로 이어질 우려가 있다. 문제가 발생한 경우에도 점검이 불가능하며, 보수공사 또한 어려움이 극대화 된다.

① 급수 인입은 공공수도의 본관에서 최단거리에 직각으로 분기하여 인입한다. 미터기는 검침하기 쉬운 위치에 설치한다.

② 가스의 인입은 가스 미터기나 버너실과의 관계로부터 적절한 위치에서 인입한다.

③ 전력, 전화, 통신선의 인입은 전주 또는 핸드 홀에서 인입위치를 확인하고 부지 내에 구내 기둥의 위치를 결정한다. 인입선은 다른 부지를 횡단해서는 안 된다.

매설 배관한 다음 되메우기는 배관의 양생을 견고하게 시공하고, 되메움 흙은 모래와 양질의 흙으로 하는 것도 매우 중요하다.

인프라 인입 포인트는 여기!

[1] 지중벽 관통부의 방수 처리

· 관통부는 고리부착 슬리브를 박아 지수 씰에서 안팎으로 이중 밀봉한다.

[2] 지반침하대책

· 예상 침하량에 따른 조치를 취한다. 예상 침하량을 초과하는 경우에는 재작업할 수 있도록 배려한다.

[3] 지중 매설 전선 상호간의 이격거리

· 지중 매설 전선 상호 및 지중 전선과 지중 약전 전류 전선에서는 이격거리를 30cm 이상 떨어뜨린다.

접점30 배수의 공공 하수도로의 접속

부처와의 협의를 하고 방류량과 위치 · 깊이에서 접속을 먼저하고, 마지막 장소를 결정한다.

접점31 매설 배관의 지반침하대책

매립지는 물론, 지반이 양호하더라도 건물 주변의 지하공사나 기초공사에 따른 굴착 및 되메움이 있어, 압밀침하가 발생한다. 침하량에 따른 적절한 침하대책이 필요하다

① 침하량에 따라 고무제 또는 스테인리스제의 가요이음이나 슬라이드이음을 시행한다.

② 배수관에 사용되는 고무제의 가요이음은 직접 매설에도 좋지만, 압력이 가해지는 배관에는 점검 체크기를 설치한다.

③ 건물에 주위를 두르는 배관은 건물로부터 브래킷이나 받이슬래브를 내고 건물 본체로부터 지지한다.

④ 밑잡이에 따라서 깊이가 1.5m 이상의 굴삭을 하는 경우 흙막이를 설치한다.

⑤ 되메움은 배관의 수압시험 · 방식처리가 완료된 다음에 실시한다. 강모래 또는 양질의 흙을 바닥 부착면에 100mm 이상 깔아 채우고, 평탄하게 하여 관을 매설한다.

4
품질문제 예방조치

1. 품질문제 예방의 포인트

품질문제 예방의 포인트는 품질문제가 발생하여 대처하는 것이 아니라 품질문제가 발생되지 않도록 건물을 만드는 것이다.

생산공정의 프로세스에서, 건축 및 설비당사자가 문제점을 찾아 문제의 원인이 되는 요인을 사전에 제거하는 것이 품질 문제의 최대 예방책이다. 품질문제가 어떤 단계에서 발생하고 그것은 어떤 문제를 야기한 것인지 구체적인 사안으로 인식하고 예방조치 하는 방법을 이해하는 것이 예방의 포인트로 생각된다.

품질문제 예방의 포인트는 여기!

1 설계단계에서 해결해야 할 항목
- ① 방로대책, 방진・방음 대책
- ② 보 관통, 벽 관통부의 구조 보강

2 설비를 수반하는 건축공사는 공사구분을 명확하게
- ① 루버, 점검구, 기계 기초 등
- ② 설비의 구체 관통 부분의 공사 마감

3 공사 순서의 조정
- ① 매립 배관, 슬리브 삽입 등
- ② 배관이나 덕트 설치와 마감공사
- ③ 기기반입 등 마감공사

2. 「암묵지」에서 「형식지」로

문제에 대한 예지능력을 갖는다는 것은 그렇게 간단하지 않다. 선인의 실패 사례로 학습하고, 문제가 발생했을 때 선인으로부터 전수된 대처법과 거기에서 배운 노하우로 어떻게 응용 하느냐가 품질문제 예방의 포인트이다.

3. 품질문제 예지와 예방 사이클

건축의 「물품만들기」는 현지현물로

- 현장에서 유일무이한 것을 만든다
- 같은 공정, 순서대로 건설되어지는 것은 없다

동일한 것같은 유사한 결함도 그 원인은 하나하나 다르고
매뉴얼대로 시공하더라도 문제예방은 어렵다.

↓

트러블 요인은 휴먼 에러

- 설계에서 기인하는 트러블
- 시공에서 기인하는 트러블
- 완성하고, 인도 후에 발생하는 오류

건물 완성하고, 인도 후에 발생하는 오류의 대부분은
설비시스템의 사양 · 등급설정의 오류이다.

↓

품질트러블 예방조치
—「암묵지」에서「형식지」로—

- 앞선 실패에서 배우는 예지능력을 키운다.
- 트러블 요인의 정보를 관계자가 공유한다.

품질문제가 발생하여 대처하는 것이 아니라
품질문제가 발생되지 않도록 건물을 만드는 것이다.

COLUMN

도식화하면 접점이 보인다.

「건축과 설비의 접점」을 도식화하면 다음과 같다.

「제1부 건축과 설비의 접점은 여기에」는 문제예방에서의 시선을 고정하여 접점 1에서 접점 31에 정리하여 설명하고 있다. 「건물의 라이프 사이클」「건물 부위」「접점에서의 문제」 등등의 관점을 토대로 「건축과 설비의 차이」를 「가시화」하면 접점이 점점 더 명확해진다.

건 축	접 점	설 비
긴 수명 (장수명화) (구조 구체에서 60년)	라이프 사이클 (법정 내구년한 수)	갱신 업데이트에 관한 플렉시빌리티(설비기기와 시스템은 15년)
구체관련 · 마감관련	건물 부위	설비기기 · 배관류 등
누수, 결로, 진동소음	트러블	설비기기 단독의 고장
공간을 이용	기능	시스템 기능의 결과를 이용
넓고 좁은, 높고 낮은 치수 확인 (열화진단은 진단기술자가 필요)	기능 · 성능의 확인	서 · 한, 명 · 암은 계기측정(시스템 성능 진단 장비 · 기술이 필요)

「건축과 설비의 접점」을 논의할 때 먼저 이해를 해 두어야 하는 것은, 「건축과 설비의 차이」이다.

「건축」은 구조체를 구성하고 그것을 외장재를 둘러싸서 공간을 이용한다. 빗물이 유입되거나 진동 · 소음 등의 문제가 발생하면 원인과 결과의 진단은 간단하게 할 수 있다.

「건축설비」는 열교환 기기류나 반송용 회전기기와 배관, 덕트 등으로 하나의 시스템을 구성하고 물이 나오고, 냉풍이 나오는 등의 2차적인 기능을 이용하고 있다. 춥고, 덥고, 밝고, 어두움 등의 문제의 원인과 결과의 진단은 쉽게 할 수 있지만 시스템에서 수행되는 변환효율이나 기기류의 운전상황을 피부로 감지할 수는 없다. 비록 낭비와 무리가 있어도 현상으로 파악하는 것이 어렵고, 오랜 세월 동안 불필요한 낭비를 건축주에게 강요하는 경우도 발생할 수도 있다.

「설비기기 독자의 고장」은 접점에서의 문제에 포함되지 않지만, 설비시스템이나 설비기기의 고장에 기인하여 예고없이 발생하는 문제는 일상적 보수점검으로 충분히 실시하고, 설비기기의 진단을 정기적으로 실시하면 피할 수 있는 문제이다. 설비 갱신 업데이트 계획을 토대로 설비시스템이나 설비기기의 리뉴얼 업데이트를 실시하는 것이 건물을 경제적으로 오래유지하는 비결이다

제 2 부

트러블예방의 포인트 100

기업교육센터에서 연수가 끝난 후 많은 연수생이 자기 방의 샤워기를 이용했다. 잠시 후 물이 미지근해지고, 점점 물이 차가와져서 춥다는 불평이 나왔다. 건축주로서는 예상하지 못했다. 그 외에도 「난방이 되지 않고 춥다」 「런닝 코스트가 높다」는 등등의 여러 가지 불평불만을 자주 듣게 되었다. 건축설비의 평가는 준공후 1년이 경과하고 처음으로 설비시스템이나 기기의 성능이 건축주 요구에 부합하는지의 여부가 판명된다.

1. 건축 사용 측면에 선 「건물만들기」

「이것은 아니지」라는 사례의 대부분은 건축주가 애시당초 생각한 이미지와 완성시의 상황이 현저하게 다르기 때문에 일어난다. 건축주 요구사항의 확인은 매우 중요한 사항이다. 요구사항으로는 건축주 고유의 요구성능이나 건물용도 등의 절대조건(양보할 수 없는 것)과 선택 가능한 조건(양보) 등이 있다. 사양 문제에 관한 대부분은 선택 가능한 조건에 해당하는 건물의 기본기능에 대한 판단 기준을 명확히 하지 않았기 때문에 일어나고 있다. 건축주의 요구품질에 대한 생각을 어떻게 명확하게 설명하고, 확인해 두는 것이 관건이 된다.

2. 건축주 요구사항의 확인은 어떻게?

일련의 사례에서 건축주 요구는 「교육을 위해 개인실을 만들어 어느 때나 샤워를 이용할 수 있도록 하는 것」이었을 것이다. 건축주의 요구는 「샤워를 할 수 있으면 좋다」가 아니라는 것을 명확히 해둘 필요가 있다. 자세하게 건축주의 생각을 「건축주 요구사항」으로 만들어 둘 필요가 있다. 또한 건축주와 함께 건축주가 바라는 비슷한 실제 건물을 건축주와 함께 시찰 · 확인함으로써 요구사항을 더욱 확고히할 수 있다.

3. 사양 등급을 어떻게 설정?

건축주 요구사항은 개념적이고 막연한 것이 많다. 이것을 건축 · 설비의 사양이나 등급을 설정하지 않으면 안된다. 샤워를 언제든지 원하는 시간에 원하는 만큼 사용할 수 있는 방법은 개별 급탕방식과 저탕식 등 몇 가지가 있다. 각각의 초기비용과 유지비용도 관리도 다르고, 장단점이 있다. 이런 것들의 "사양 비교표" 등으로 알기 쉽게 건축주에게 설명하고 충분한 협의를 통하여 설비의 사양 · 등급의 설정이 이루어져야 한다. 「양보할 수 있는 것」과 「양보할 수없는 것」이라고 우선순위도 명확하게 할 필요가 있다.

4. 설비의 사양 · 등급에 표준은 없다.

설비의 성능기준은 건축기준법이나 일본건축학회 등에서 규정되어 있다. 이것은 설비의 사양 · 등급설정을 위한 지표이고 기준이 아니다. 설비의 사양 · 등급은 건물 용도, 프로젝트의 특성에 맞게 종합적으로 판단하여 설정한다.

설비사양·그레이드 설정의 워크플로

①요구품질의 확인
건축을 사용자 입장에서 「물건 만들기」

건축주 요망사항 확인 체크리스트
체크리스트는 건축용도별로 작성한다. (⇨p.17 접점1 표1)

↓

②사양·그레이드의 확인
사양비교표를 작성하고, 절대조건이나 선택가능한 조건을 확인하다.

설비사양·그레이드 설정의 분류·항목리스트
설비사양·그레이드는 건물 전체로서 설정하는 것이 아니라 프로젝트의 특성에 맞추어 종합적으로 판단한다 (⇨p.18 접점1 표2)

↓

③사양·그레이드의 설정
설계의 기본방침을 확정시킨다.

설비사양의 그레이드에 표준은 없다
이니셜코스트나 러닝코스트, 메인터넌스성을 고려하여 종합적으로 판단한다.

002 설비기계실의 적절한 스페이스

설비 기계실의 면적이 좁아 설비기기나 배관 등의 보수 · 점검이 어려운 예를 볼 수 있다. 건물의 라이프 사이클에 관점을 두고 건축과 구조로 롱 라이프(수명 장수화)화를 도모하고, 설비는 일정한 내구년한 경과 후의 갱신 업데이트 계획을 용이하게 유동성 확보에 중점을 둔 설비 스페이스의 계획으로 하는 것이 매우 중요하다.

1. 설비공간은 일상의 보수 · 점검을 최우선으로

건축기준법에 규정된 설치공간의 확보는 당연하지만, 건물의 사용비율과 렌탈(임대)면적의 증가만을 고려하여 설비 기계실 및 파이프 스페이스를 결정한다면 설비기기나 배관의 일상의 보수 · 점검에 지장을 초래한다.(그림 1).

보수 · 점검의 용이성이란

① 용이하게 설비기기에 묘한 오감으로 상태를 확인할 수 있는 공간으로 한다.
② 기계의 용도에 따라 메인터넌스(maintenace) 공간을 확보한다.
③ 보수 · 점검의 동선을 명쾌하게 한다. 보수 · 점검 활동을 루틴화하여 간극의 차없이 효율이 좋게 유지보전할 수 있다.
④ 공구 창고를 마련하여 보수 · 점검에 필요한 공구를 완구비한다.(→ 018 유지관리를 고려한 파이프 스페이스).

2. 유동성 확보에 중점을 둔 설비공간 계획

설비기기는 내구년한 외에 다른 예기치 못한 고장이 발생할 경우도 있다. 설계단계에서 설비 갱신 업데이트 계획을 설계도서에 반영해 두는 것이 매우 중요하다.

① 메카니컬 플로어(중간층에 설치한 기계실)은 외벽에서 기기류의 반 출입할 수 있도록 대형 문이나 매닯훅 등을 미리 설치해둔다.(그림 2).
② 연구시설 등은 외벽에 메카니컬 데크(설비 발코니)를 설치한다.(그림 3).
③ 지하에 설치한 기계실에는 기계해치를 설치한다.
④ 기기 반출입을 위해 칸막이 벽을 철거할 수 있도록 해두는 방법도 있다.(→ 021 대형 설비기기는 갱신 업데이트를 고려한다)

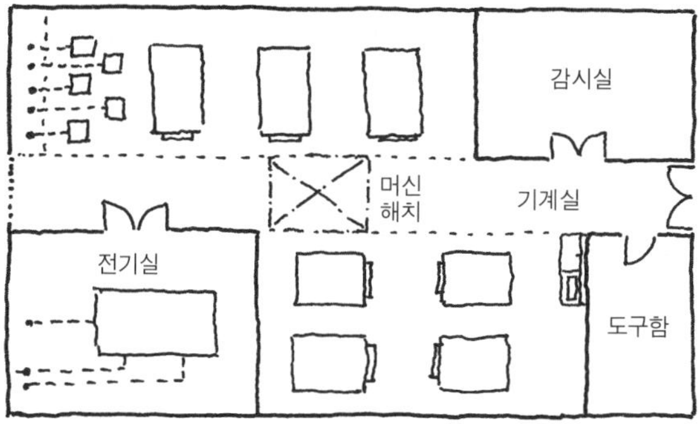

그림1 보수점검이 쉬운 기계실

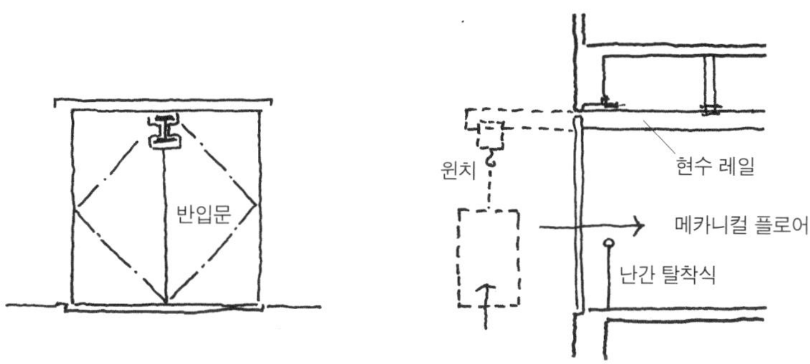

그림2 메카니컬 플로어로의 반입

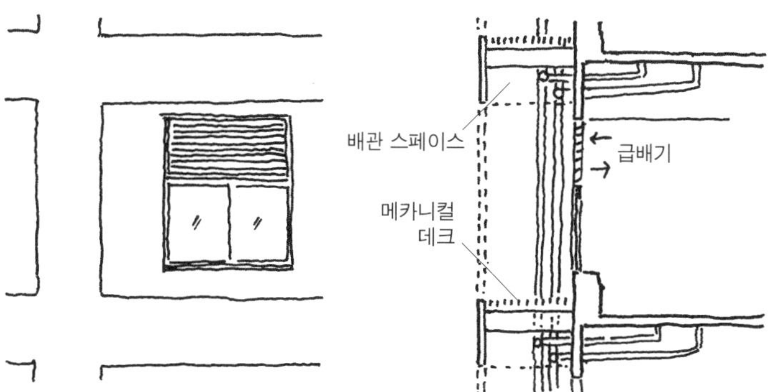

그림3 메카니컬 데크

003 설비기기는 소음 · 진동의 원인

설비기기에서 소음 · 진동의 원인이 되는 설비기기의 중요한 것은 공조기기, 변전 변압기, 자가 발전기, 옥상 냉각탑과 공조실 실외 기계, 엘리베이터 등이다. 여기에 연결된 덕트나 설비배관류도 진동 · 소음 원인이 된다.

1. 동력계의 설비기기는 진동하고 구체에 전달된다.

진동은 기기 본체뿐만 아니라 연결되는 배관과 덕트도 진동하여 구체에 전달되는 진동 · 소음을 발생시킨다. 기기의 설치방법은 방진사양으로 하고, 특히 중량타입 기기의 기초는 뜸기초로 한다. 진동하는 설비기기에 연결된 배관이나덕트는 방진 매닮으로 한다. 기계실의 천장이나 내벽에 흡음재를 내장하여 실내 반사음을 억제시킨다.

2. 집합주택에서의 소음원인은 별개의 동으로

집합주택에서는 위의 공조기기 및 변전 변압기, 공조실 외기의 기타 엘리베이터나 기계식 주차설비, 자전거 주차 설비 외에 디스포저 운전시에 기기의 진동이 소음원인이 된다. 수조에서의 급수음이나 가압 펌프의 운전시의 진동도 소음의 원인이 된다. 조용한 주거환경의 집합주택에서는 진동 · 소음대책은 중요한 품질의 하나이다. 소음원인 별개의 동으로 하는 것이 원칙이며, 부득이하게 같은 동에 설치하는 경우 EXE.J에서 절연으로 하고, 그에 연결된 덕트, 배관류는 방진지지로 한다.

3. 이웃에 대한 배려

한적한 주택지의 부지경계에서 공조실 외기를 설치하는 경우에는 소음규제기준을 준수해야 한다. 소음원인으로는 공조실 외기나 변전용 옥외 큐비클의 기타 수조의 물 공급시 낙수소리 등이 있다. 또한 배기 루버의 바람을 가르는 소리도 심야에는 주민과 인근에 주는 영향 또한 크다.(→041 공조 옥외기는 소음대책을)

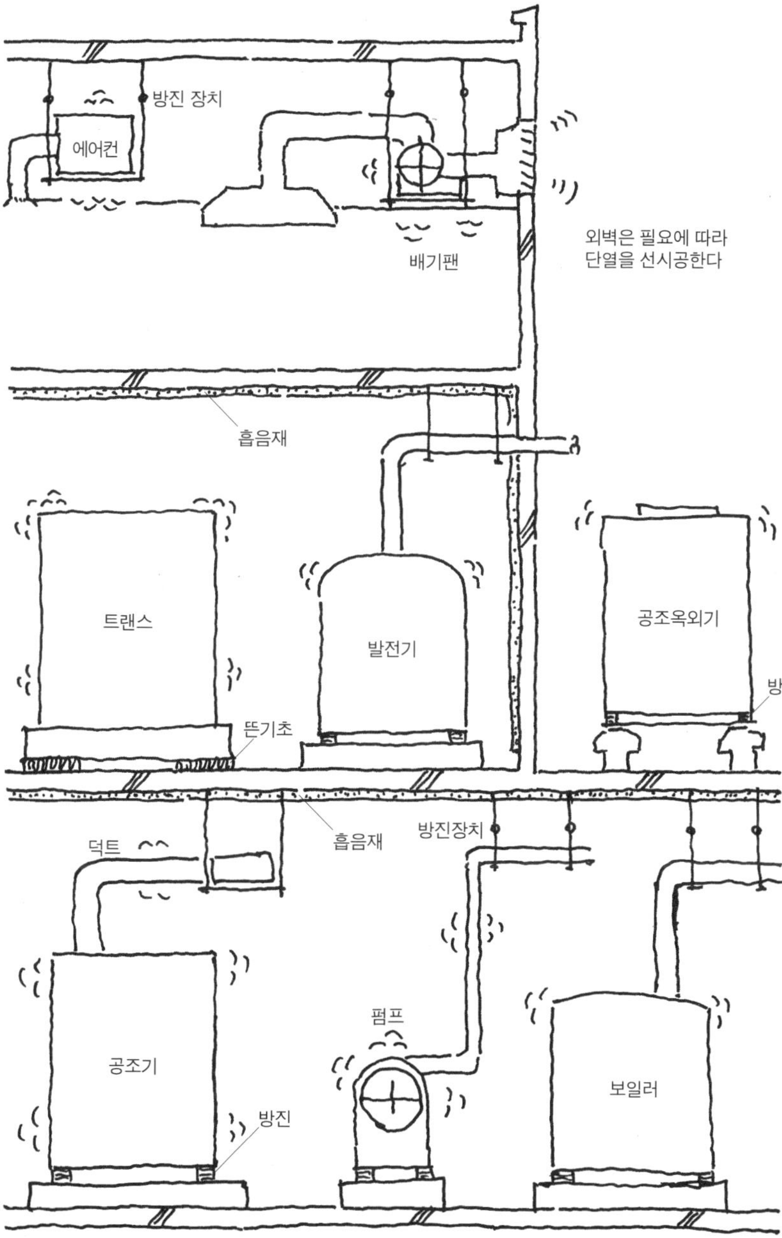

그림1 설비기기의 진동 · 소음

004 설비배관이 외벽을 관통하는 경우

관통하는 설비배관은 지하 구체부분을 관통하는 배관과 지상층 구체 부분을 관통하는 배관이 있다. 이러한 외벽을 관통하는 부위는 지수처리를 완벽하게 처리하지 않으면 누수문제로 이어진다.

1. 지상층 구체를 관통하는 배관

① 외벽을 관통하는 배관재료는 강관을 이용하는 것을 원칙으로 한다.

② 외벽을 관통하는 배관은 구체 콘크리트 타설시, 고리가 있는 슬리브를 삽입하고, 배관은 슬리브 안을 통과한다. 배관 시공 후 안과 밖 동시에 이중 씰을 설치한다.(그림 1 ①)

③ 설비배관이 팽창하여늘어나거나 진동을 하는 경우의 지수대책은 그림 1 ②로 한다.

④ 구체 콘크리트의 균열은 벽두께 · 배근 · 시공하는 계절에 따라 다르지만, 대체로 콘크리트 타설 후 6개월에서 1년 정도 경과한 후에 발생한다. 균열을 최대한 진행시킨 후 배관의 시공을 실시하여 지수처리한다.

2. 지하 구조물 부분을 관통하는 시설 배관

① 지하 구체 부분을 관통하는 설비배관은 지하 외벽의 이중벽(뒷채움)의 부분에서 관통한다. 만약, 배관 관통부에서 지하의 물이 침입되더라도 이중벽 안에서 받아 배수홈 · 배수관을 통해 지하 피트내로 유도한다. 이중벽의 배수구는 콘크리트 슬러지의 석회가 굳어져서 막힐 수 있으므로, 배수관의 위치에 따라 이중벽에 점검구를 설치한다.(그림 2)

② 지하 수위가 높은 대지에 지하 외벽이나 기초 밑판에, 관통 설비배관은 관통부에 수압이 걸리기 때문에 방수 아무림에는 특별히 주의가 필요하다.

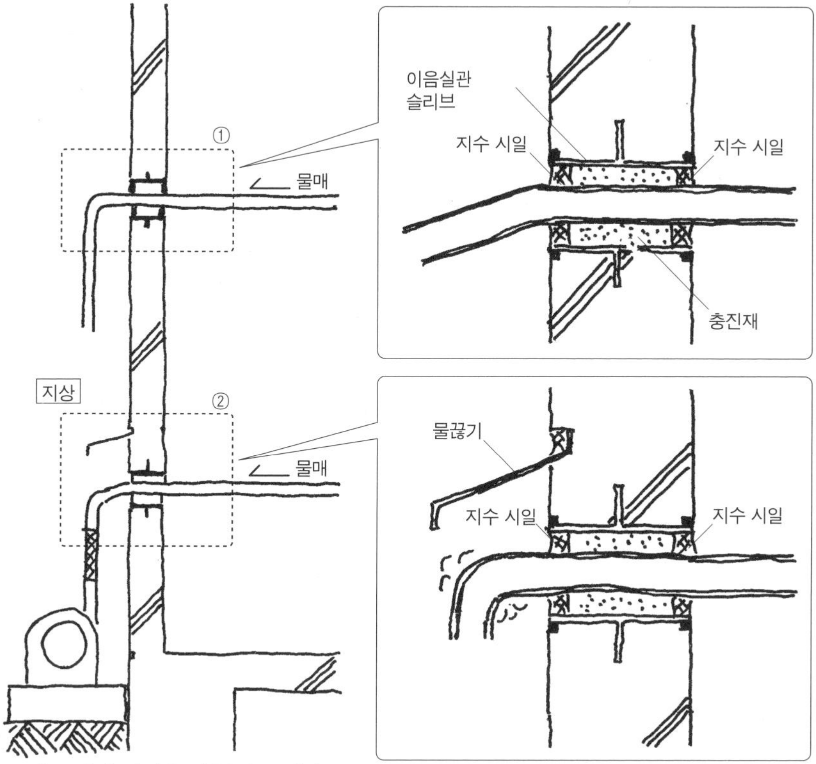

그림1 지상 외벽을 관통하는 배관

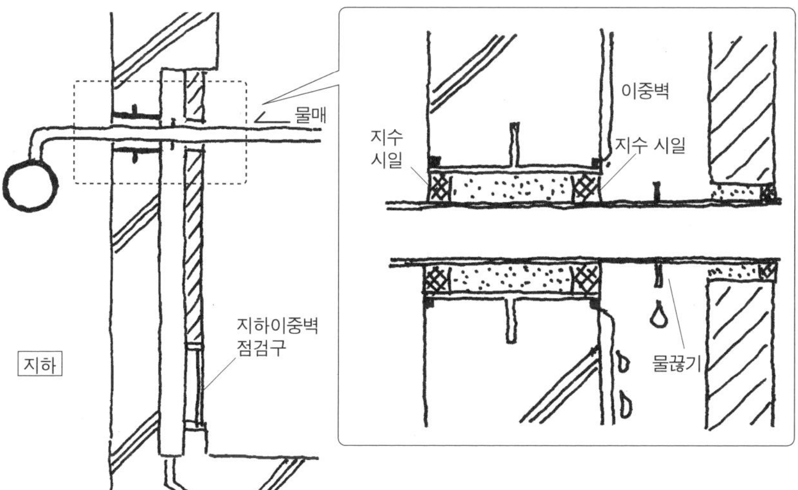

그림2 지하 외벽을 관통하는 배관

005 설비배관은 외벽에 삽입하지 않는다

설비배관이나 박스류를 삽입한 외벽은 균열이 발생한다. 설비배관을 외벽에 삽입한 경우는 콘크리트 피복두께가 작아지기 때문에 배관내부에서 결노가 발생하고 배관의 부식이나 누전을 초래할 수도 있다. 원칙으로 설비배관은 외벽에 삽입하지 않는다.

1. 철근의 피복두께가 부족은 건물의 수명을 좌우한다.

철근의 피복두께는 가장 외측에 있는 철근의 표면에서콘크리트 단부까지의 최단거리를 말한다. 외벽에 박스류를 삽입할 때 철근에 대응하는 필요한 피복두께를 확보하지 않으면 균열을 유발한다. 또한 철근의 피복두께 부족은 건축기준법 위반이 된다(그림 1).

2. 설비배관류의 외벽 삽입이 누수의 근원

철근 콘크리트의 알칼리로 보호되고 있지만, 균열에서 빗물이 침입하여 철근이 부식팽창하면서 콘크리트를 압출하여 박리시킨다. 외벽에서의 설비배관이나 박스류를 삽입하면 균열을 유발하고 하고 누수의 근원이 된다(그림 1).

3. 외벽에 삽입한 설비배관이나박스류는 내부 결로가 발생한다.

외벽에 설비배관이나박스류를 삽입한 경우 외벽을 단면 결손시킬 뿐만 아니라 단열 다리(히트 브리지)로, 설비 설비배관이나박스류에서 내부결로가 발생하는 배관의 부식이나 누전의 원인이 되기 때문에, 설비배관이나박스류는 외벽에 삽입하지 않는다. 외벽 부분에 설비배관이나박스류를 삽입할 필요가 있는 경우, 외벽 실내 쪽에 설비배관용 내벽을 설치한다(그림 2).

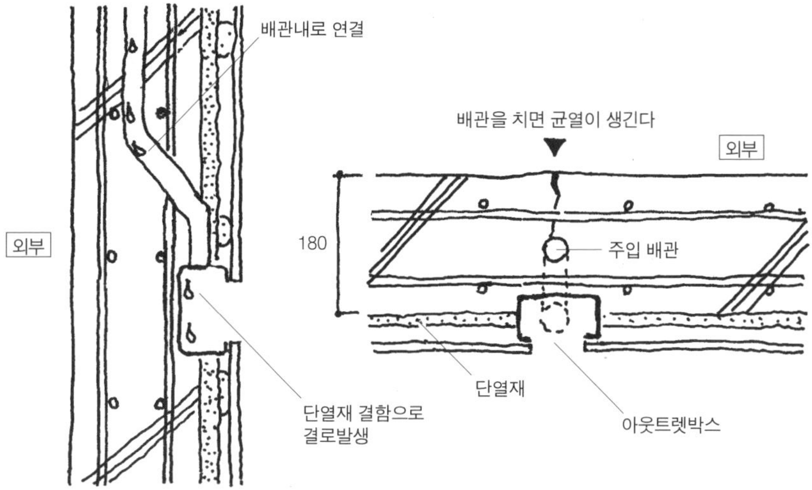

그림1 배관을 끼워넣으면 균열과 결로가발생

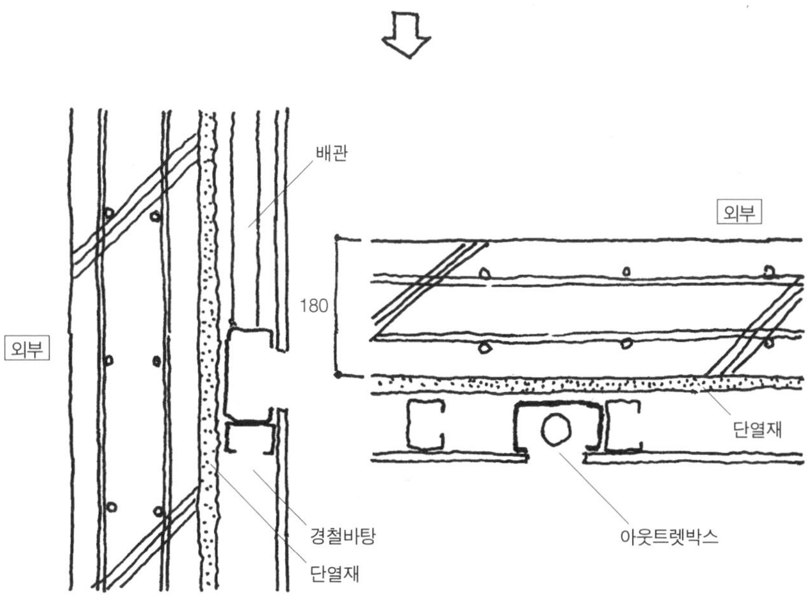

그림2 배관을 외벽에 끼워넣지 않는다.

006 옥상에 배관(파이프)빼내기

건물 옥상에는 각종 설비기기가 설치되어 있다. 그 설비기기류에 전기배선이나 설비배관류를 연결할 때 방수층을 손상시키지 않고 관통시키기 위해, 옥탑방을 마련한다. 집합주택은 옥상 방수층을 관통하는 통기관도 있다.

1. 옥탑방의 지붕 처마는 깊게 방수한다.

설비배관은 옥탑방 방수 치올림턱의 상단에서 취출한다. 배관의 취출 수가 많아져서 지수 아무림이 복잡해지기 때문에 배관의 취출부분은 감아서 알루미늄 등의 금속패널로 막으면 좋다. 배관과 금속패널의 연결은 씰로 의존하기 때문에 비를 맞지 않도록 옥탑방 지붕의 처마를 깊게 한다. 지붕 처마에는 방수(우레탄 도막방수 정도)를 한다. 옥탑방의 지붕 차양면적이 넓어지는 경우는 균열이 발생하기 쉬우므로, 염화비닐 시트방수를 권장한다.

2. 옥탑방의 내부에서 결로한다.

옥탑방의 내부에는 아래층 천장의 온기가 위로 올라와 차가워지면서 결로가 발생할 수 있다. 옥탑방의 내벽에는 결로방지를 위해 단열을 한다. 옥탑방 면적이 큰 경우는 기밀성을 높이기 위해 바닥을 설치한다. 그 경우에 옥탑방의 점검구가 필요하다.(그림 1) 또한 배관이 결로할 우려가 있는 경우에는 보온한다.

3. 옥탑방 외벽에서의 배관 취출부분은 물끊기를 설치한다..

옥탑방 외벽에서 직접 배관을 취출하는 경우에는 적절한 크기의 물끊기를 설치한다. 배관 취출부에 직접 빗물이 닿지 않도록 하고 물매를 마련하고 배관 외부쪽으로 낮게 한다.(그림 2). 소규모 배관취출에서는 기성품으로 만든 조립식 옥탑방을 이용해도 좋다.(그림 3)

4. 집합주택은 통기관이나 패러핏(난간)에서 전기배관 취출되어 있다.

집합주택의 통기관은 옥상 슬래브에 직접 덧댐관을 부착하여 시공한다. 전기배관은 패러핏의 턱부분에서 취출하는 경우가 있다. 그 경우, 지수를 확실하게 아무림해야 한다.

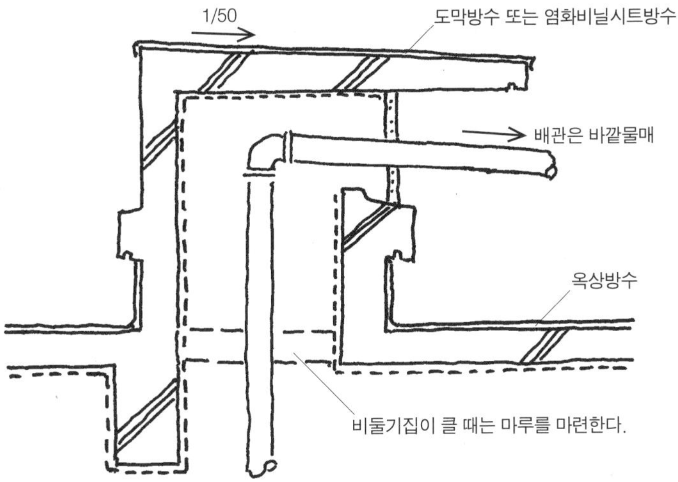

그림1 옥탑방

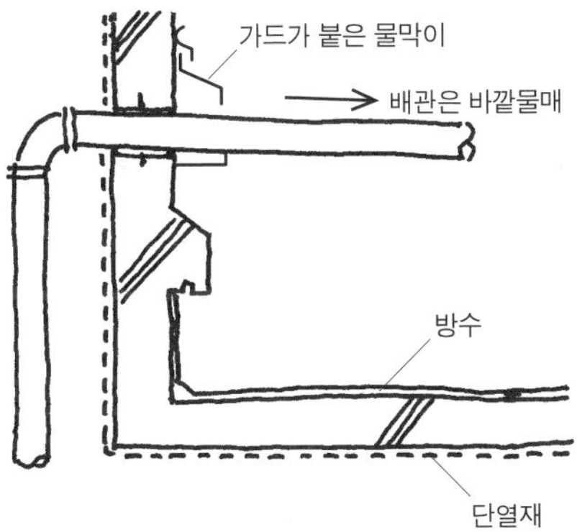

그림2 외벽으로의 배관빼내기

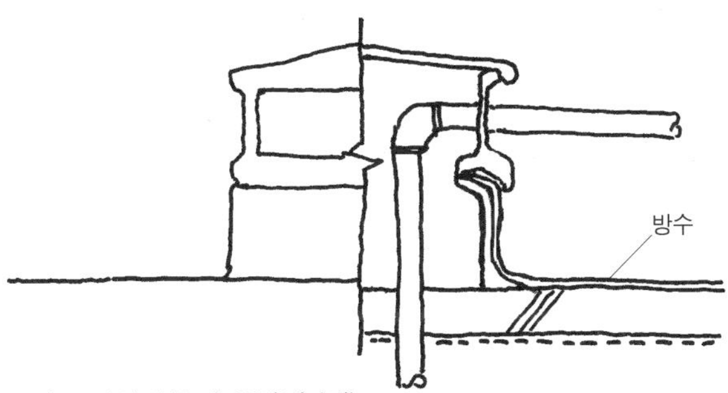

그림3 기성제품의 옥탑방 (예)

옥상에 설비기계를 설치하는 경우, 방수층의 시간의 경과에 변화에 의한 열화나 설비기기의 일상점검 및 갱신 업데이트시 방수층이 손상되어 누수될 위험이 높다.

옥상방수의 재방수나 보수할 때, 설비기계의 이동이나 일시적 정지를 시키지 않으려면 기계기초는 구체에서 치올려 방수층을 감아 올린다.

1. 기계 기초의 수는 최대한 적게 한다.

설비기기마다 기계기초를 설치하면 기초의 수가 많아져서 기계기초의 간격이 좁아진다. 방수의 시공성도 열악해져 방수 아무림 또한 불완전해진다. 또한 구체 비용과 방수비용도 높아진다. 옥상 부분이 협소한 경우 옥상 패러핏과 비둘기 옥탑방 등의 방수 치올림턱 부분을 활용하여, 철골지지대를 짜서 그 위에 설비기기를 올려놓고 기계기초의 수를 최대한 적게 한다. 기기하중이나 기초와 보위치 등의 조정은 구조 담당자와 조정해야 한다.(그림 1)

2. 기계기초 간격은 방수의 시공성을 고려한다

기계기초의 간격 및 기계기초 및 옥상 패러핏의 간격은 방수의 치올림부의 시공을 확실하게 할 수 있도록 600mm 이상을 확보한다.(그림 2).

3. 노출방수의 경우 메인터넌스를 위한 점검통로를 확보한다.

노출방수나 단열방수에 있어서는 설비기기의 메인터넌스를 위한 점검통로나 메인터넌스 공간부분에 방수층 보호를 위해 특수루핑(합성섬유 부직포를 기재로 한 지붕) 한 층을 늘여 붙인다.

4. 기계기초는 옥상의 물매로 흐르게 한다.

기계 기초를 천기초로 하는 경우, 옥상 물매로 흐르게 배치하고, 우수의 집수를 원만하게 한.(그림 1)

5. 경미한 설비기기는 보호 콘크리트에 고정한다.

경미한 설비기기는 기계 기초를 치올림하지 않고, 방수층의 보호 콘크리트를 하나로 두고 기초해도 좋다. 단, 신축줄눈에 걸치지 않게 계획해야 한다. 노출방수의 경우에는 방수층 위에 완충재를 끼워 그 위에 두는 식의 기초로 한다.(그림 3)

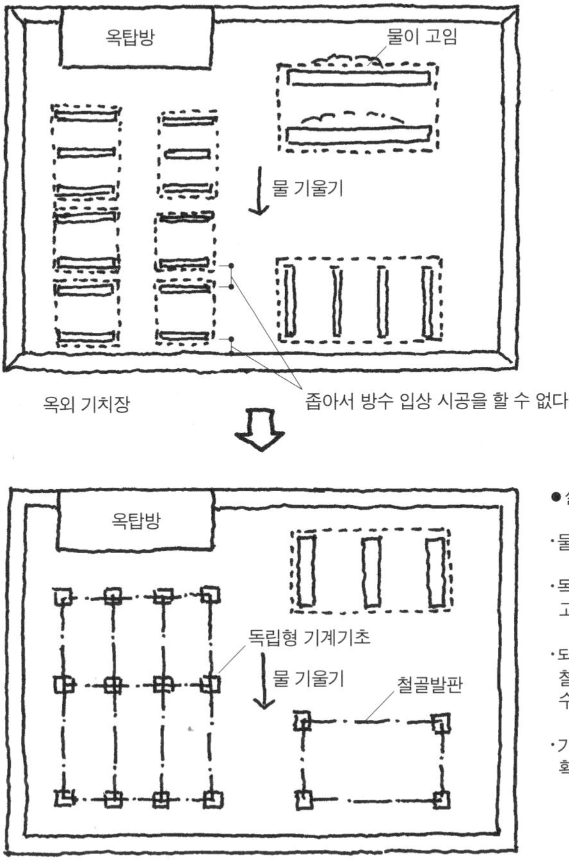

● 설비기계기초는

- 물 기울기 쪽으로 대다
- 독립형 기초는 물기울기의 방향을 고려하지 않아도 된다
- 되도록 독립형으로 하고, 철골발판을 이용하여 기초의 수를 줄인다
- 기초와 패러핏의 간격을 확보한다.

그림1 기계기초의 배관

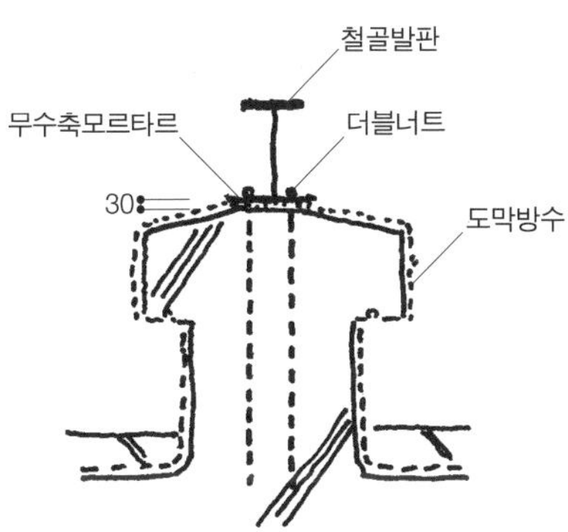

그림2 기계기초의 단면

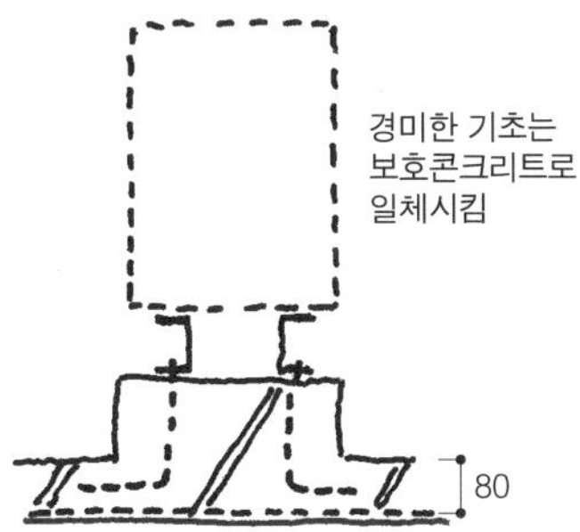

그림3 경미한 기계기초

주방이나 욕실, 풀 기계실 등의 바닥 방수부분에서 누수가 될 수 있다. 이러한 여러 실은 건축공사로 하여 공사아무림이 어렵고 빗물의 누수도 커진다. 게다가 급수 및 배수 등의 설비배관이나 방수층 취합부분에서 누수위험이 있다.

1. 배관은 가능한 한 방수층을 관통하지 않는다.

항상 물이 없으면 안 되는 기계실(펌프실 등)에서 기계고장이 있을 때와 배관의 누수로 인한 아래층의 누수방지를 염두해 두어야 한다.

바닥 방수처리할 수 있다. 그런 경우는 기계실의 설비 발판이나 기계실 출입구의 발판은 콘크리트를 150mm 정도 올려서 도막방수로 감아 올린다. 만약, 누수가 있더라도 인접실에서의 누수 사고를 방지할 수 있다. 기계실 바닥을 배관이 관통하는 부분은 방수층을 관통하지 않도록 피하고, 방수층의 외측 배관으로 한다. 이 경우는 복수배관이 가능하고, 일반 파이프 스페이스과 같은 아무림을 하면 된다.(그림 1). 어쩔 수 없이 방수층을 관통해야 하는 경우는 그림 2로 한다.

2. 욕실이나 주방의 방수아무림

욕실이나 주방의 건축적인 방수아무림에 있어서는 건축품질 트러블 예시 No, 074, 075를 참조하기 바란다.

방수층을 관통하는 배관이 있는 경우, 방수층과 배관을 밀착시켜두면 누수되지 않는다고 생각되겠지만, 실제로는 배관과 방수층의 밀착이 그렇게 쉬운 일은 아니다. 또한 배관은 움직이기도, 열화되어 노화되는 것이어서 배관의 메인터넌스를 고려하여 방수층과 배관을 기본대로 단절시킨다.(방수층을 관통하는 배관의 아무림은 그림 2 참조) 배관에 물이 있어야 하는 경우는 배관에 물끊기를 설치한다. 욕실이나 주방의 배수관은 방수누름 콘크리트 내에서 물매를 확보하혀 배관하고, 배수 최종장소나 그리스 트랩은 한자리에 모아 방수 관통부분을 최대한 적게 한다.

주방의 그리스 트랩은 금속(SUS제)가 일반적으로 쓰고 있으며, 방수층과의 연결은 확실히 시공할 수 있는 아무림을 해야 한다.(그림 3).

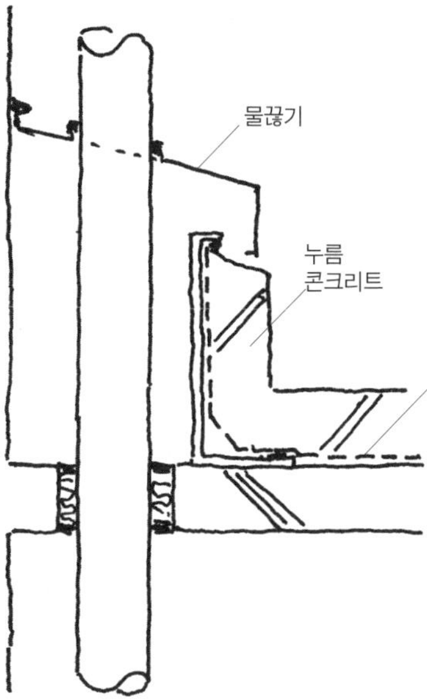

그림1 방수층을 피해 배관이 관통한다

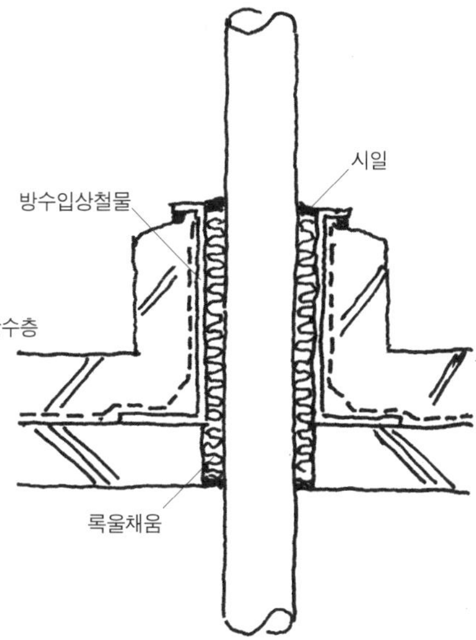

그림2 방수층을 배관이 관통한다

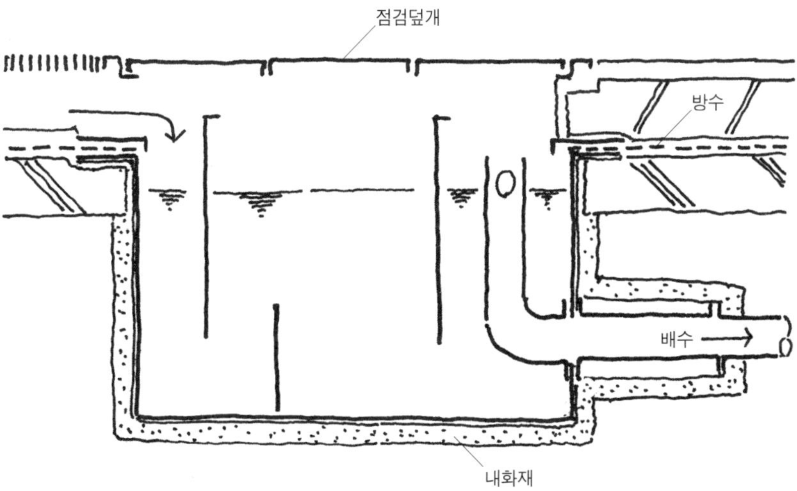

그림3 그리스 트랩

009 설비기기의 전도방지

저탕식 급탕기는 미리 온수를 축적하고 있기 때문에 온수의 사용량이 많아지더라도 허용량에 불편함이 없어 효율성도 좋고, 세로로 길어서 설치공간 또한 적게 차지한다. 다만 저탕량이 커서 중량감이 있기 때문에 지진시 전도될 수 있다. 혹시 전도되더라도 배관이 파손되면 큰 변고가 발생할 수 있어 매우 중요하다.

1. 실내에 설치하는 저탕식 급탕기는 절대 도괴되면 안된다.

집합주택과 건물의 중간층에 저탕식 급탕기를 설치하는 경우, 지진에 전도되지 않도록 지주나 받침대, 벽에 단단하게 고정해야 한다. 지진시에 발생하는 변위에 대해서도 배관에서 온수나 급수가 누수되지 않도록 하는 것이 가장 중요하다. 만약, 누수되더라도 인근 실과 아래층으로 누수되지 않도록 지수제로 주위의 바닥을 방수처리 한다. 전도방지나 바닥방수 등 건축공사에서 급탕설비 공사와의 조정이 필요하다.

2. 급탕기의 내진 성능

건축설비의 내진성능은 건물이 튼튼하다는 것이 발휘되는 기능으로, 건물 전체의 내진성능과 일관성을 갖는 것이 중요하다. 전복의 위험이 있을 때는 뜰수 있어 올림고정이나 머리연결로 지지시킨다.

① 지진시에는 큰 변위가 발생하는 경우가 많다. 이동 · 전도 방지를 위한 스토퍼를 설치한다.

② 급탕기를 기초로 고정지지하는 앵커볼트는 나사부(곡지름부)에 있어서 충분한 강도를 갖고, 쑥 빠져서 콘크리트의 균열이 발생하지 않도록 콘크리트 강도, 앵커위치에 주의한다.

③ 급탕기와 배관은 각각 지진력에 대한 응력이 다르기 때문에 가연이음으로 연결하여 접속한다.

주) 설비기기의 내진성 확보는 일본 건축 센터의「건축설비 내진설계 · 시공지침」에 준하여 설계한다.(접점5)

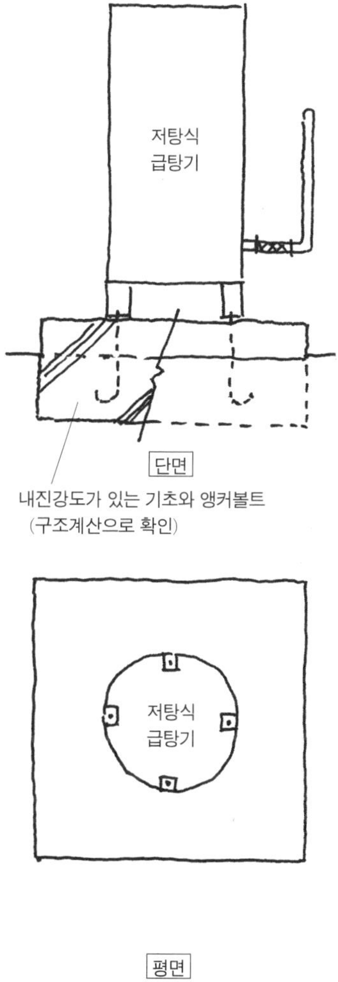

그림1 저탕기의 옥외설치

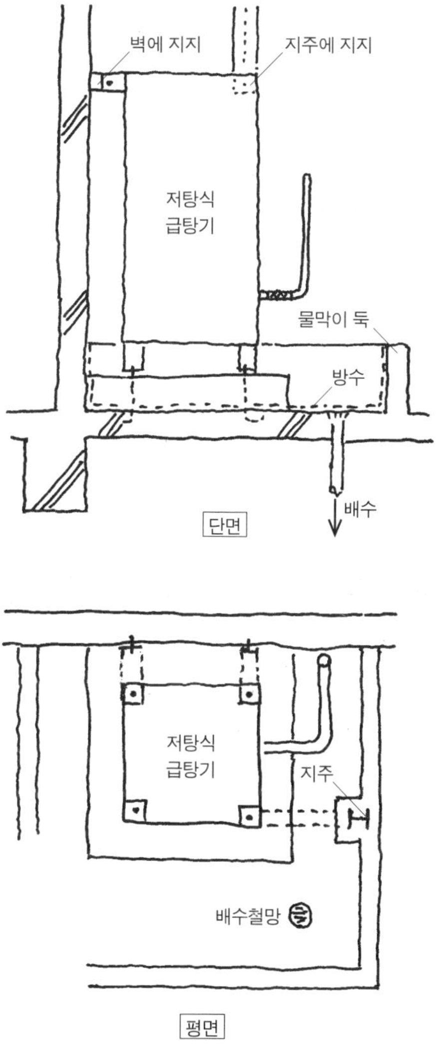

그림2 저탕기의 옥내설치

설비기기 설치가 충분하다면 지진시에 설비기기가 수평 이동하여 배관이나 케이블 등이 기기와의 접속부분에서 손상되어 파단된다. 건물에서의 인입부이더라도 부지지반이 부동침하를 일으킬 수 있다. 건물 EXP.J부에서는 설비배관을 신축이음되어 있지 않으면, 배관이나 케이블 등과 구체가 간섭하여 손상 파단된다.

1. 설비기기 및 배관류는 가연이음으로 접속한다.

지진시에 설비가 수평 이동하거나 전도되지 않도록, 바닥 슬래브, 벽 등의 구체에 고정한다. 기초 앵커볼트,스토퍼, 기기받침대 등 모두 모든 필요한 강도를 갖추어 내진지지 한다. 기기와 배관류의 접속부처럼 서로 다른 움직임이 예상되는 부분은 개소는 가연성이 있는 이음으로 한다.

2. 배관류의 이음은 구체의 층간 변위에 추종성을 갖게 된다.

설비배관은 건물에서의 인입부가 가연이음으로 되어 있지 않거나 EXP.J부분에서 지진시의 층간 변위에 추종하지 않으면 구체와 간섭하여 손상되어 파단된다. EXPJ 부분을 횡단하는 배선배관의 나란히 지중 인입배선 · 배관은 지진시의 변위량을 고려한 이음으로 한다.(그림 1)

3. 설비배관은 면진 클리어런스를 확보한다.

건물이 면진구조인 경우 설비배관이나 배선 구체의 면진 클리어런스의 범위에 설치하지 마십시오. 지진시의 변위에 의해 구체와 간섭되어 배관 · 배선이 손상되어 파단한다. 또한 지진에 의한 변위에 추종하도록 면진이음을 채용한다.(그림 2)

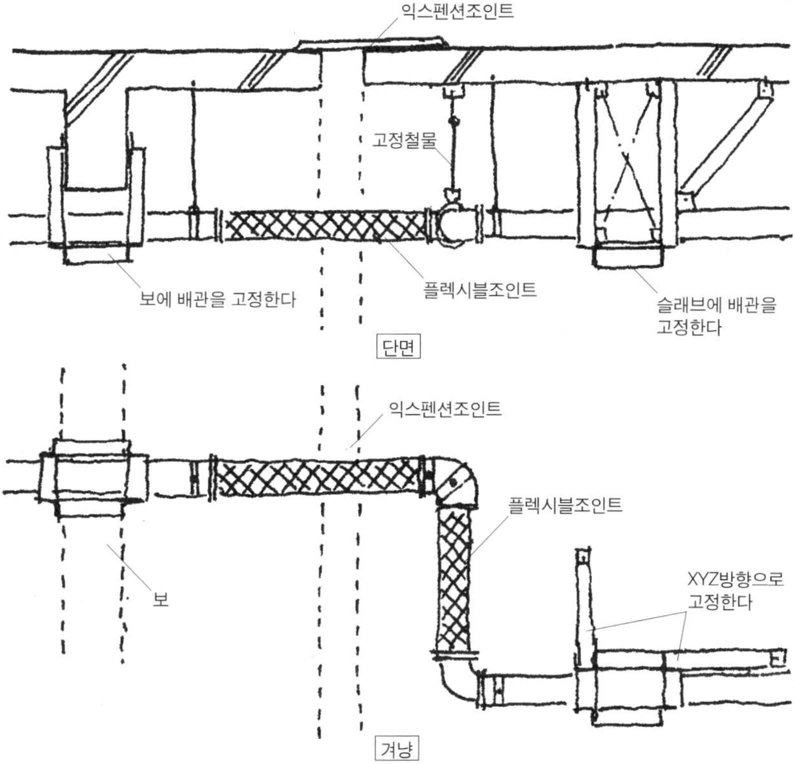

그림1 익스팬션조인트에 있어 배관의 변위대응

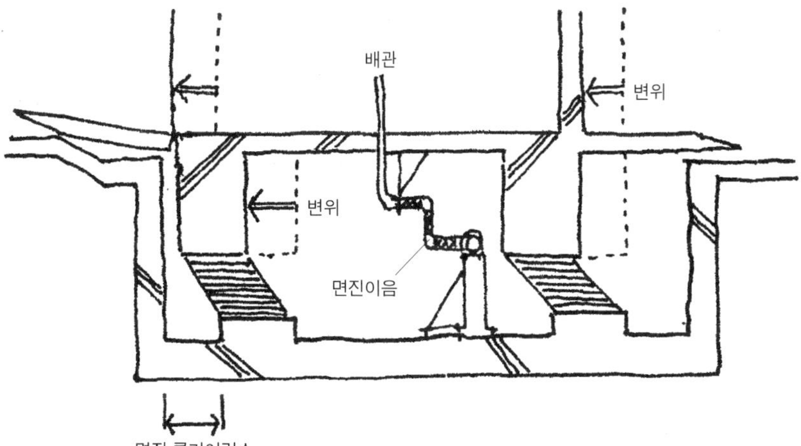

그림2 면진클리어런스에 대응한 배관의 면진이음

011 연약 지반 부지에 대한 매설관 인입

부지가 매립지 등의 연약 지반인 경우는 전기, 가스, 상 · 하수도, 전화의 인입, 배관 등의 매설관은 건물에서의 인입부분에서 지반의 부동침하가 일어나 인입, 배관이 손상된다. 빗물, 오수, 폐수 등의 배수관도 마찬가지로 손상을 받는다.

1. 연약지반 부지에서는 트렌치를 설치하여 배관을 인입한다.

매립지 등의 연약지반이나 액상화 가능성이 있는 지반에서는 자연침하나 지진시의 이동이 일어나 매설한 배관이 그 변위에 추종하지 못하고 손상된다.(그림 1). 부지 내에는 트렌치를 설치하고, 그 안에 여유를 두고 배관을 설치한다. 지하구체 인입부분에서는 맨홀 및 핸드 홀을 설치하여 가연이음이나 슬라이드 이음하여 인입을 실시한다(그림 2).

2. 지반의 침하량에 따라 이음을 선택한다.

매립지 등에서는 장기적으로 오는 지반의 압밀침하로 진행하는 경우가 많다. 착공 전에 절토, 성토 매립지 등 부지의 상황 등에서 지반의 침하량을 예측할 수 있다. 침하량에 따라 고무 또는 스테인리스제의 가연이음이나 슬라이드 이음 등에서 적절한 것을 선정한다. 배수관 등에 사용되는 고무의 가연이음은 직접 매설해도 좋지만, 압력으로 눌려지는 배관은 맨홀 등을 설치한다.

3. 건물 주변부는 압밀침하가 발생한다.

지하공사나 기초공사에 따른 굴착, 되메움에 의해 건물 주변부는 압밀침하가 발생한다. 지반이 좋아도 건물에 다라 설치하는 배관은 건물 본체에서 브래킷이나 지지슬래브를 내밀게 지지하여 침하되지 않도록 한다(그림 3).

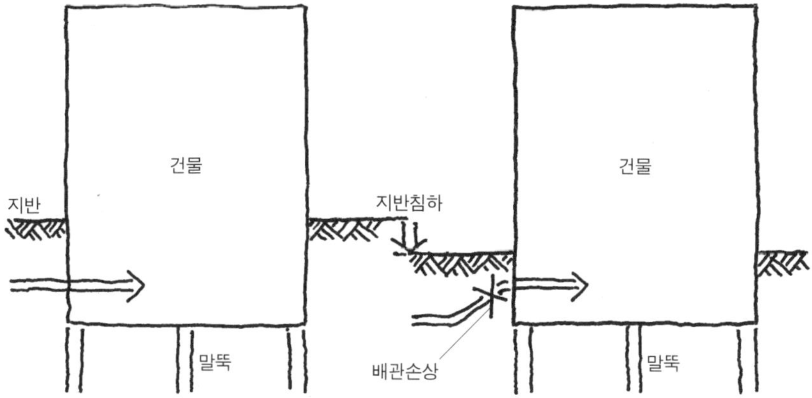

그림1 지반침하에 의한 배관손상

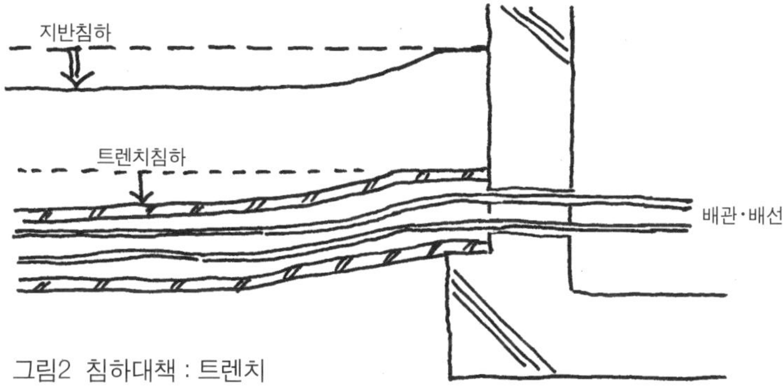

그림2 침하대책 : 트렌치

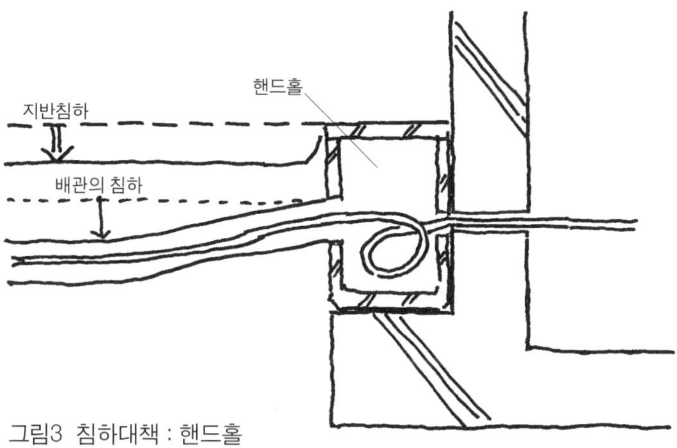

그림3 침하대책 : 핸드홀

건축이 실제로 기능이 작동하려면 설비 인프라와 건축설비를 현장에서 연결해야만 한다. 설비인프라는 전기 · 통신, 상 · 하수도, 가스 등등 그 접속부는 검침 및 점검이 필요하고 설치장소에도 제한이 있다. 건물의 어프로치(접근) 부분과 외벽에 무조작으로 설치되면 미관에도 좋지 않다.

인입방법이나 위치, 마감에 관해서는 건축 설계자와 설비설계자가 협의하여 스마트하게 결정한다.

1. 부지 주변의 인프라 조사

전기 · 통신, 상 · 하수도, 가스 등의 지하 매설관이나 받침배선의 위치와 지름 등을 사전 조사하고 확인하는 것이 중요하다 부지 내에 배수관이 자연물매로 하수 본관에 접속할 수 있도록 공공 하수관의 관 지름이나 낮은 관 레벨의 확인과 전주에서 인입기둥의 위치를 결정하기 때문에 측량이 필요하다.

2. 전기 · 통신 인입은 인입기둥까지

지하 공동구 등이 없는 받침대 배선이 시가지에서는 전력 케이블과 통신선을 전주에서 부지 내로 인입하는 것이다. 건물 외벽에 설치된 브래킷에 직접 인입한 것은 미관상 보기 흉하다. 전주에서 인입용 전주기둥을 경과하여 지중배관 · 배선에서 건물 내로 인입하는 것이 좋다. 주택은 도로측에서 메타기의 검침을할 수 있도록 측정기 설치 위치와 그 디자인을 배려한다.(그림 1)

3. 상, 하수도, 도시가스 부지 내에 아무림

수돗물(상수도)은 부지 안에 인입한 곳에 양수기 하늘 마련해 도로쪽에서 검침할 수 있어야 한다. 도시가스 인입 역시 가스 미터와 가스 차단밸브를 도로변에 설치하여야 한다. 전력 메타기나 양수기, 가스메타기 등은 한 곳에 정리해 디자인으로 처리하면 미관상도 보기 좋다. (그림 2)

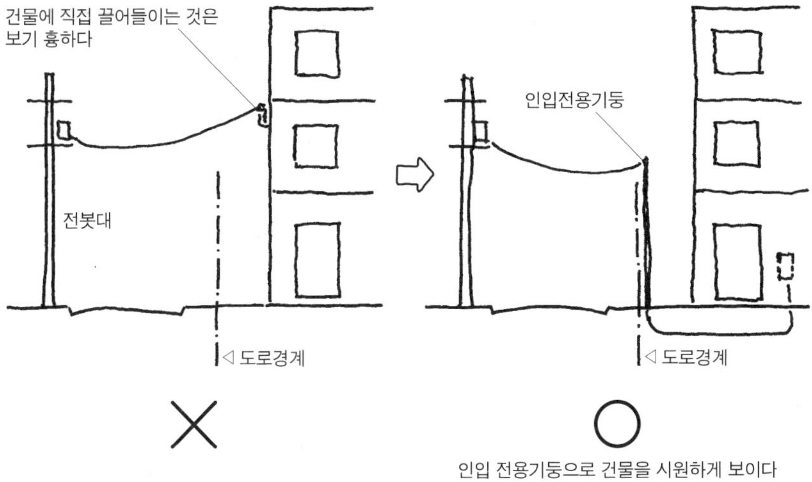

그림1 전력의 인입

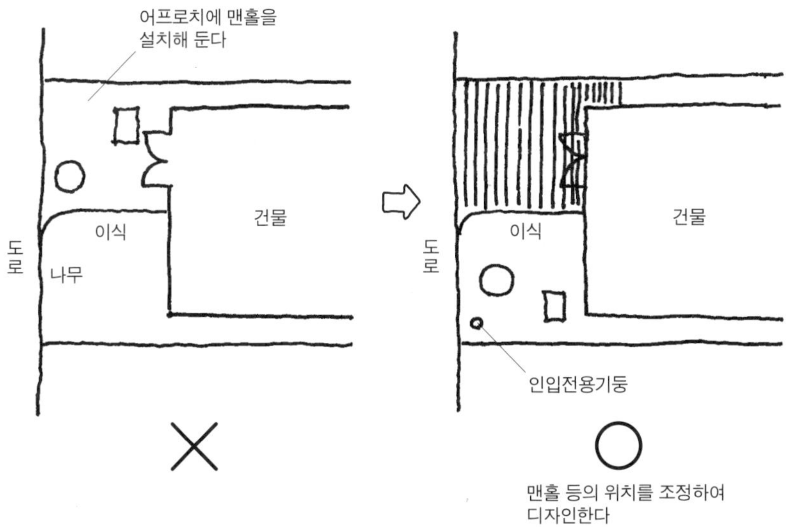

그림2 상하수도가스의 인입

전기실은 건물에 있어서 중요한 기능을 가진 실입니다. 만약, 누수 등으로 전기실이 중단되면 건물 대부분의 기능이 정지된다. 기업은 업무가 중단되어 경영상의 기회 손실은 헤아릴 수 없다. 의료시설로는 인명에 관련 중대 사고로 이어질 것이다. 전기실의 누수대책은 BCP 대응의 중요한 과제의 하나이며, 건축과 설비의 접점에 깊이 관여되어 있다.

1. 전기실에 물매관울 통과시키지 않는다.

전기실에 물배관을 통하지 않는 것이 원칙이다. 부득이하게 물배관을 통과하는 경우에는 벽 관통부의 앞으로 지수밸브를 설치하여 물배관의 바로 아래에 누수 받침대를 설치한다. 만일의 경우에 대비하여 신속하게 대처할 수 있도록, 누수 감지센서를 설치하고, 수신부는 항상 사람이 상주하는 방재센터나 중앙감시실 등에 통보한다.

공조기를 설치하는 경우는 별도의 기계실을 확보하여 설치한다. 어쩔 수없이 공조기를 전기실 내에 설치하는 경우에는 플로어 식으로 주위에 지수제(콘크리트 치올림)를 설치하고, 배수구를 설치한다.

2. 위층이나 인접실에서 누수대책

건물의 기능상, 급, 배수관이 없는 건물을 만드는 것은 불가능에 가깝다. 바로 윗층에 물배관이 있는 경우는, 바로 윗층을 방수처리 한다. 윗층이 사무실이더라도 에어컨 드레인 배관뿐만 아니라, 기능 에어컨(가습형)에서는 급수관이 있다. 이 경우, 에어컨 및 급수배관 아래에 방수팬을 설치한다.

전기실의 인접실에 물을 사용하는 실이 있는 경우는 인접실과의 벽(칸막이) 발판 부분은 콘크리트에서 치올림하여 도막방수를 한다. 실에서의 입구는 100mm 정도 치올림 해둔다.

3. 전기 샤프트(EPS)에서의 누수대책

전기 샤프트와 파이프 스페이스(PS)은 독립시켜 설치한다. 인접하여 설치하는 경우에는 전기 샤프트와 파이프 스페이스는 벽으로 구획하고 파이프 스페이스 측면에서의 누수에 대비하여 전기 샤프트의 바닥을 올리거나 콘크리트에서 지수제를 설치한다.

4. 파이프스페이스로부터의 누수대책

사람 눈에 띄기 어려운 파이프스페이스는 급수배기관 등의 물(수)배관에 누수 검지센서를 설치해 감시한다.

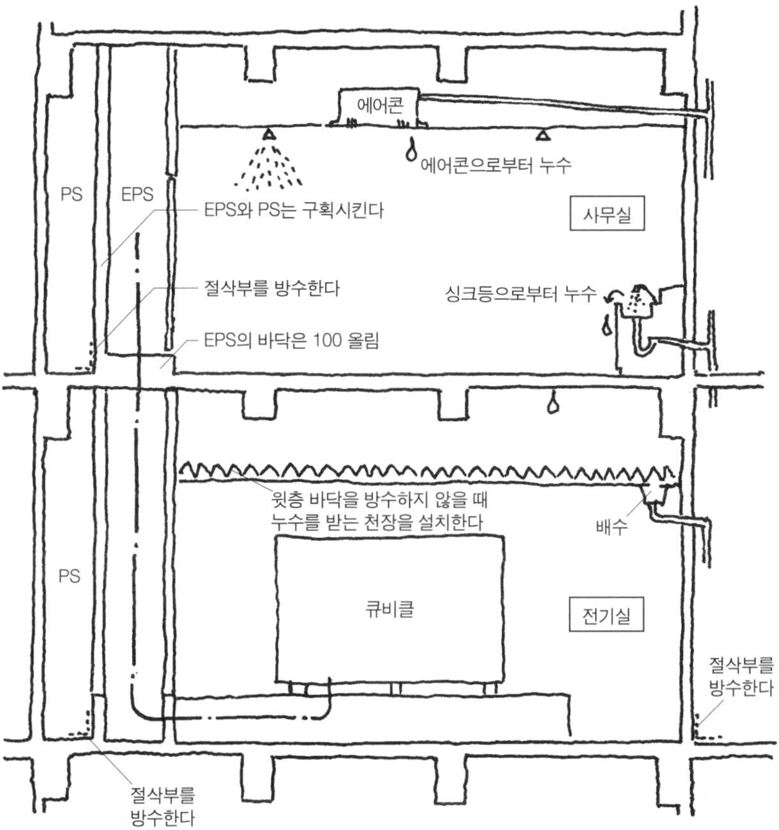

그림1 전기실에 물을 들이지 않는다

014 컴퓨터실의 이중바닥으로 오는 침입수 대책

위층이나 인접실에서 누수문제에서 컴퓨터실 이중바닥(이중마루나 OA 플로어)에 물이 침입하면 전선이나 정보통신선이 젖어 전자 데이터의 손상이나 정전을 일으켜 큰 피해로 이어진다. 컴퓨터실 이중바닥은 은폐되어 보이지 않기 때문에 수누수문제로 인한 한 침수물이 있어도 발견이 늦어져 기업의 이미지를 좌우하는 정도의 막대한 피해로 이어질 수 있다. 컴퓨터실 정보 통신선의 복수루트나 다중 회선 등과 마찬가지로 이중바닥에서의 침입수 대책은 BCP 지원의 중요한 항목중 하나이다.

컴퓨터실은 윗층이나 인접실에서 누수문제가 발생하더라도 이중바닥에서의 침입수를 방지하여 막아야 한다.(그림 1)

① 인접실에서 침입수를 방지하기 위해서는 콘크리트를 벽 밑에는 치올려서 지수제를 마련하여 도포방수로 지수처리를 한다.

② 컴퓨터실의 윗층바닥은 방수를 하지만 천장 내에 방수팬을 설치하여 빗물을 받아 배수 파이프로 배수되게 한다.

③ 이중바닥 등의 전기배선과 정보통신선을 보호하기 위해 누수감지센서를 설치하여 중앙감시실에 통보하고 조기에 누수사고 대응이 가능하도록 한다. 이중바닥 내 배수구를 설치하는 경우는 2개소/실 이상, 이중바닥에 배수구의 위치를 표시한다.

④ 인접실에 스프링클러가 분사되더라도 이중바닥에 물이 침입하지 않도록 중요한 시설의 입구 앞에 배수구를 설치한다. (→055 전산실의 바닥슬래브 뒷면은 결로된다.)

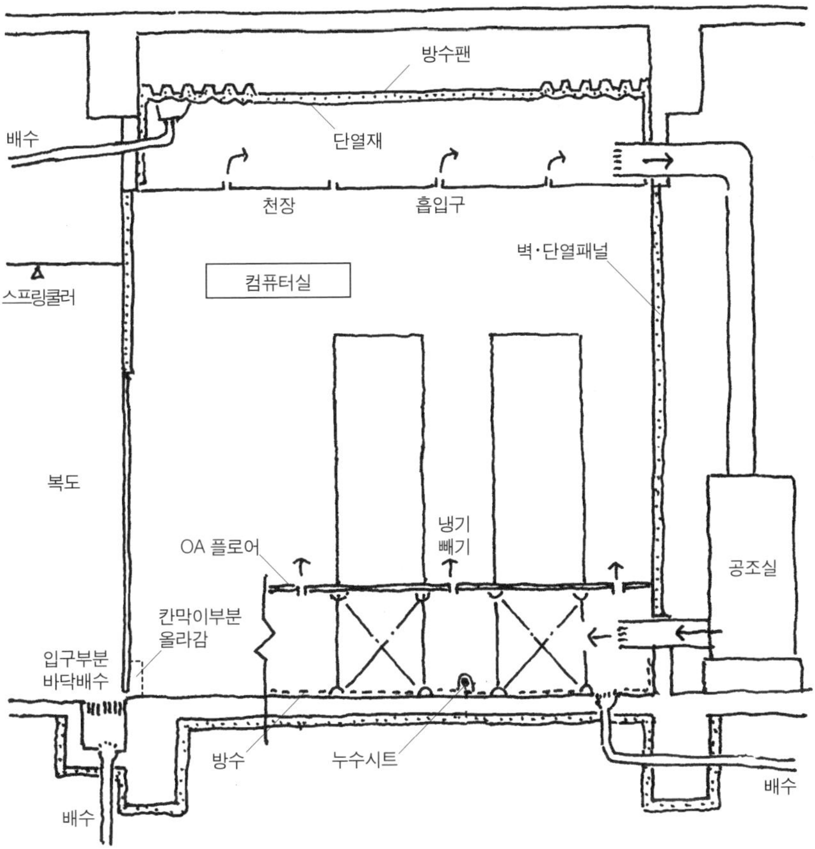

그림1 컴퓨터실에 물을 들이지 않는다

015 피트 내의 누수는 감지하지 못한다

배관피트와 배관 트렌치 내에서의 누수를 확인하기가 어려워 눈치채면 이미 늦은 상태로 되어 배관이 부식되어 누수 · 누출 오염 사고로 이어지거나 누전이 일어나 심각한 사고로 이어지면 안된다.

1. 검사하기 설비피트는 요주의

설비배관을 통해야만 하는 배관피트(점포 집합주택의 공동홈, 프리 액세스 플로어)는 평소에는 점검을 하지 않는 경우가 많고, 피트 안에서 누수가 일어나고 있어도 감지하지 못한다. 아래층으로 누수되어 최초로 발견하는 경우가 많다. 초기 단계에서 누수를 발견하게 된다면, 피해도 최소한의 피해로 줄일 수 있다.(그림 1)

2. 점검구는 메인터넌스하기 쉬운 위치에

점포 집합주택의 공동홈 등에서는 거의 대부분이 필요한 최소공간이고, 사람이 안에 들어가 검사는 어렵고, 필요한 부분에 점검구를 설치하는 정도이다. 배관피트를 점검하기 쉽게 하려면 점검에 필요한 장소에 반드시 점검구를 설치하여 점검구에서 확인이 용이하게 하기 위하여 검사 트랩도 준비한다. 피트의 아래층이 점포인 경우는 피트 안에 방수하고, 배수를 설치한다.(그림 2)

3. 일상 점검이 필요하지 않는 배관피트는 자동감지센서를

일상점검이 그다지 필요하지 않는 배관피트는 집합주택의 밑층부에 설치되는 천장 내의 배관피트 및 점포용 공동홈이 있다. 배관피트 안에 누수감지센서를 설치하여 누수를 조기에 감지하여 초기대응을 신속하게 대응할 수 있도록 한다. 경보장치는 빨리 감지하기 위해 사람이 상주하고 있는 방재센터나 관리실 등에 설치하면 된다.(그림 2)

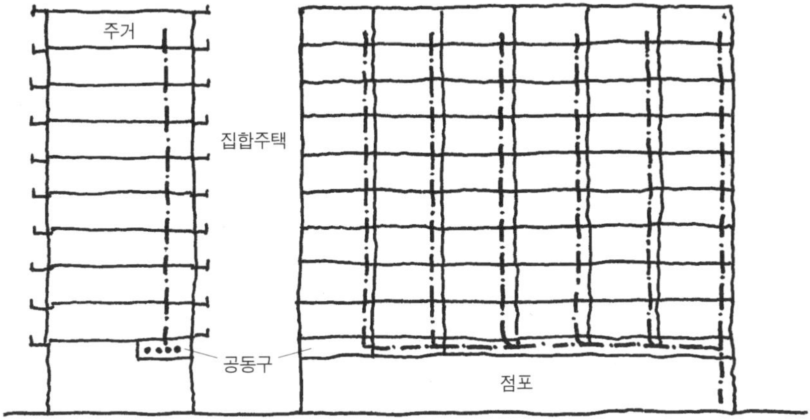

그림1 주상복합 집합주택

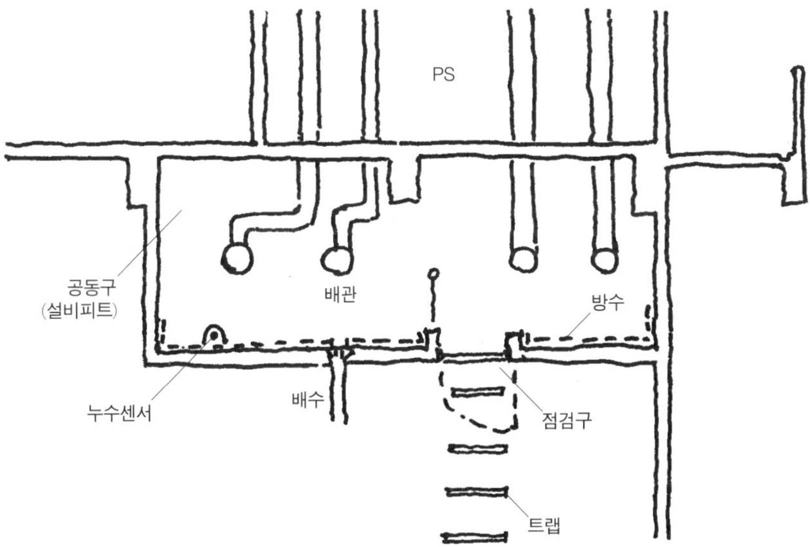

그림2 주상복합 집합주택의 공동구

016 전기 파이프 스페이스에 대한 침입수대책

전기 파이프 스페이스(EPS)는 주요한 전기배선이 통해져 있는 빌딩의 중요한 인프라 공간이다. 거기에 물이 침입하여 누전이나 정전이 발생한다면 업무에 지장을 초래할 뿐만 아니라 인명피해로 연결될 수 있다. 누전이나 정전은 절대로 일어나서는 안된다.

1. 전기 파이프 스페이스는 배관 파이프와 분리하여 별도로 설치

전기 파이프 스페이스 및 급·배수 등의 파이프 공간이 일체로 된 파이프 스페이스를 볼 수 있지만, 만일 급수 배관에서 누수하거나 배관에서 결로한 물이 전기배선을 타고 흘러내리면 매우 위험하다. 전기와 물배관은 반드시 분리하여 별도로 설치한다. 급·배수 파이프 스페이스과 전기 파이프 스페이스를 나란히 설치하는 경우는 경계벽 밑은 콘크리트 지수제를 설치, 전기 샤프트 공간의 바닥을 급·배수 파이프 스페이스보다 높게 한다.(그림 1)

2. 집합주택, 공동주택에 설치하는 전기 파이프 스페이스의 침입수대책

집합주택에서 부엌 싱크대와 욕실 등 물 주위와 전기 파이프 스페이스를 인접하여 배치되는 경우가 많다. 전기 파이프 스페이스를 물 주위와는 최대한 거리를 두고 분리하여 설치하고, 파이프 스페이스의 바닥을 높이는 등 침입수대책을 한다.(그림 2)

3. 사무 실내에 설치하는 전기 파이프 스페이스의 침입수대책

사무실 내에 설치한 전기 파이프 스페이스에서도 스프링클러가 분사된 경우, 바닥을 타고 전기 파이프 스페이스에 물이 침입한다. 전기 파이프 스페이스의 바닥면은 원칙적으로 실내 또는 복도의 바닥에서 100mm 정도 높게 하여 물을 전기 파이프 스페이스에 침입하지 않도록 배려한다.

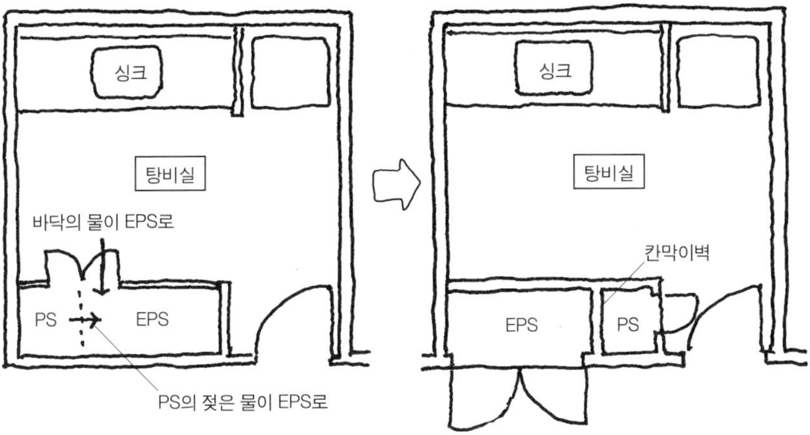

그림1 EPS는 물로부터 멀리한다

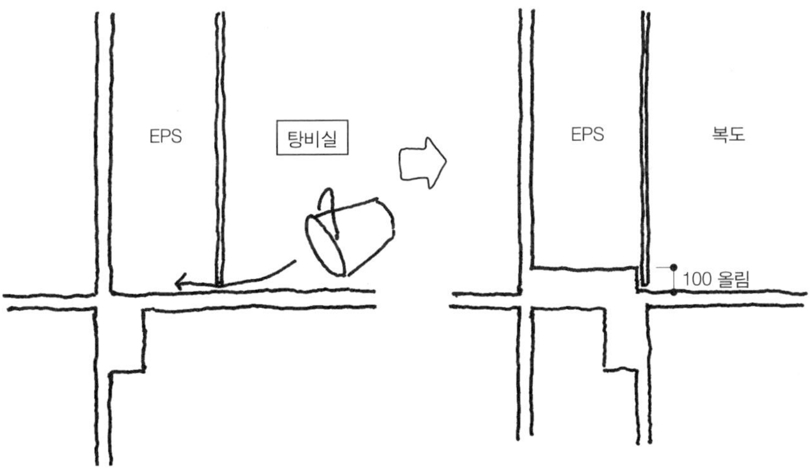

그림1 EPS로 물을 들이지 않는다

017 집합주택의 파이프스페이스에 대한 침입수대책 1 설비 전반으로의 접점

집합주택의 공용부분 개방복도에 설치한 파이프 스페이스에서 빗물이 흡수되어 침입하면 아래층의 파이프 스페이스에 누수되어 전기설비의 누전사고가 발생하거나 파이프 스페이스 내에 설치한 분전반이나 기타 기기, 배관류를 부식시킨다. 또한 타워형 집합주택의 실내 공용부 복도의 바닥에 설치된 파이프 스페이스에서도 급수관이나 온수기의 배관 연결부에서 누수 등으로 인접한 공동주택 내 또는 아래층의 공동주택 내에 누수피해가 발생한다.

1. 공용부의 개방 복도 파이프 스페이스는 침수 물 대책이 필요

판상형 집합주택의 공용부 개방복도에 설치한 파이프 스페이스의 점검문은 일반적으로 기밀성이 없기 때문에 문 아래 프레임에서 빗물의 흡수에 의한 침입수를 방지하기 위해 파이프 스페이스 내의 바닥 공용부의 개방복도 바닥마감면보다 100mm 정도 높게 한다. 파이프 스페이스 내에 바닥 및 공동주택 벽과 연결설치부는 도막방수를 하고 배관 관통부는 아래층에서의 누수를 방지하기 위해 지수를 완전하게 한다.(그림 1)

2. 타워형 집합주택의 공용부분 복도의 바닥 파이프 스페이스의 누수 대책

타워형 집합주택의 공용부 복도의 바닥 부분을 파이프 스페이스으로 사용하는 경우, 각 공동주택과 연결부는 RC를 치올림하여 방화구획을 형성한다. 배관이나 전기배선이 관통하는 부분에는 슬리브를 설치, 배관 등 관통부는 록울을 충진한다. 배관 등의 관통부는 지수 씰을 꼼꼼히 해야 한다. 아래층에서의 누수를 방지하기 위해 파이프 스페이스 안은 바닥 및 RC 치올림부에 도막방수를 실시하여 배수구를 설치한다.

타워형 집합주택의 공용부 복도의 바닥 파이프 스페이스는 누수를 감지하는 것이 늦어지기 때문에 물매관 부분에 누수감지센서를 설치하고, 관리실에서 경보기가 울리는 시스템을 도입할 것을 권장한다.(그림 3) (→ 015 피트 내의 누수는 감지하기 어렵다)

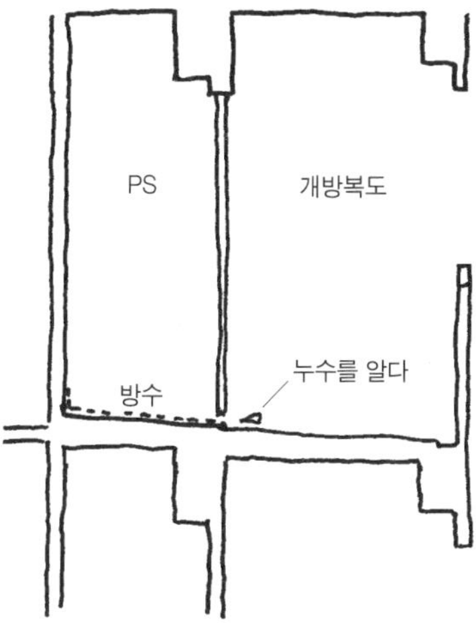

그림1 PS내로 흐르는 물은 복도로

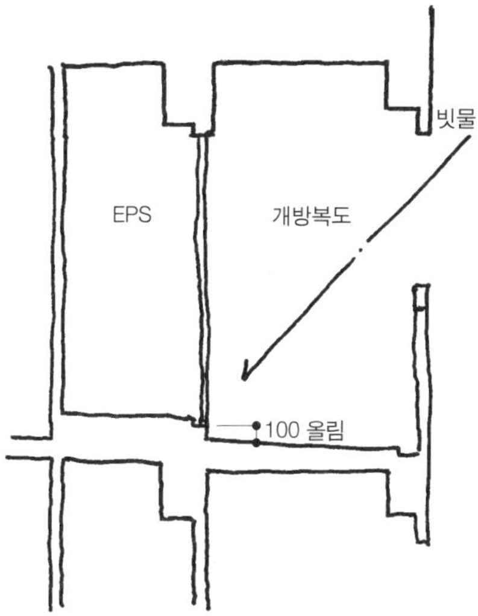

그림2 EPS에 물을 들이지 않는다

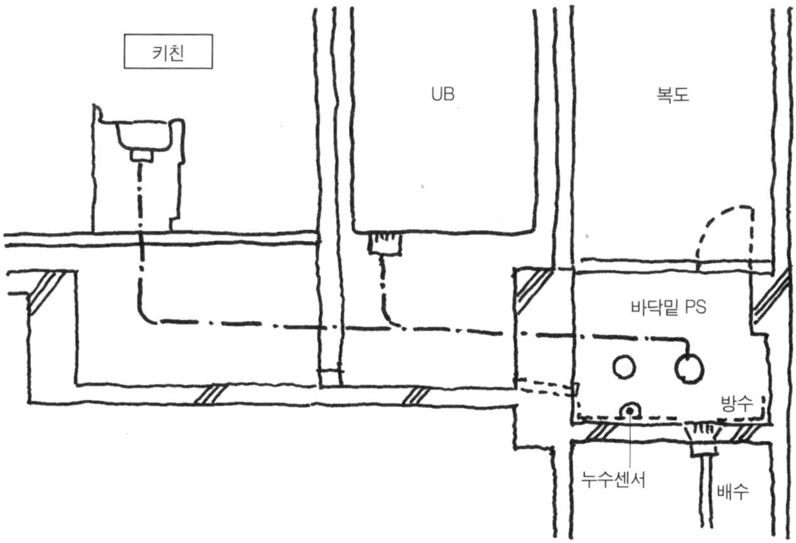

그림3 타워형 집합주택의 바닥밑 파이프 스페이스

설계단계에서 바닥면적의 유효율을 우선하여 적절한 파이프 스페이스를 확보하지 않거나 점검 문 형태가 부적절하게 되면 일상의 보수점검을 실시하는데 어려움이 있다. 설비기기의 내구년한은 건물에 비해 짧은 설비기기 및 배관류가 시간이 경과에 따라 노후 변화에 의한 갱신 업데이트시기를 맞이했을 때 설비기기나 배관 교체작업이 쉽지 않아 큰 어려움과 비용이 든다. 향후 설비 갱신 업데이트예상하여 미리 적절한 파이프 스페이스를 확보해 두는 것이 중요하다.

1. 파이프 스페이스의 크기를 결정하는 포인트

파이프 스페이스의 넓이는 일상의 보수 · 점검 및 향후 설비 갱신 업데이트를 고려하여 넓이를 결정하는 것이 중요하다

① 일상의 보수점검이 용이하고 확실 하게 할 수 있는 공간
② 전기실, 엘리베이터 승강로, 수조 등 법적으로 규정된 검사 스페이스
③ 공용 파이프 스페이스과 입주자 전용 파이프 스페이스의 분리
④ 갱신 업데이트시 또는 용도 변경 등에 대응할 수 예비공간의 확보

2 파이프 샤프트의 점검 문 크기

점검 문의 형태와 크기는 일상의 보수 · 점검의 작업내용을 충분히 파악하고 또한 향후 갱신 업데이트시설비와 덕트 배관류의 교체를 고려하여 결정한다.. 향후 업데이트 계획을 고려하여 파이프 스페이스의 점검 문을 여닫이가 가능한 구조이거나 벽부분에 차음성능을 내재하여 용이한 칸막이 벽에 두면 좋다.(그림 1-3)

3. 덕트 샤프트 계획

덕트 샤프트의 평면계획은 샤프트 스페이스가 동일하면, 덕트 취출구의 폭이 커지도록 확보하여 배치계획을 한다. 단면계획에서는 덕트 샤프트의 출구부분에 보가 있는 경우, 평면상의 제약이 없는 경우는 역보 또는 헌치 보로 하게 되면 덕트 아무림이나 기타 설비와 간섭은 조정하여 효과적으로 한다. 파이프 스페이스의 위치는 횡배관의 물매에 영향을 미친다. 건축 평면상 한쪽으로 치우친 위치에 샤프트를 설치하면 횡배관 물매가 잡히지 않게 된다.

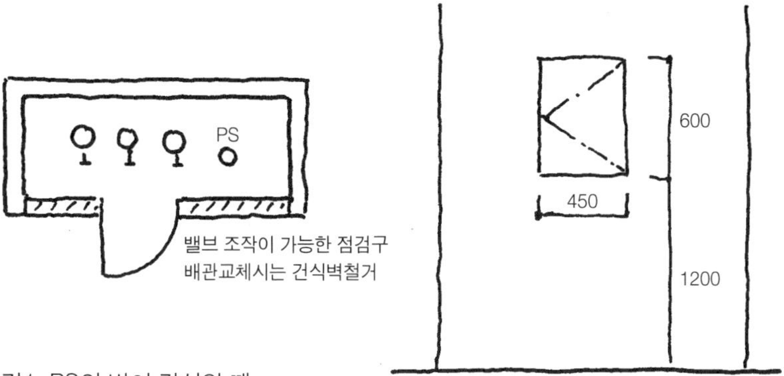

그림1 PS의 벽이 건식일 때

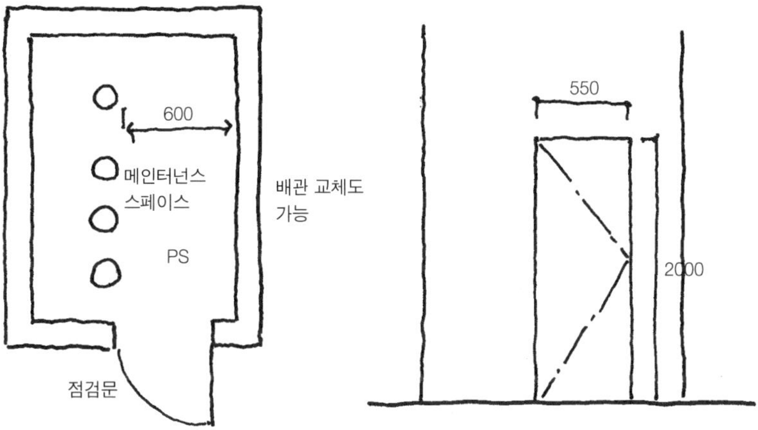

그림2 PS의 벽이 콘크리트일 때

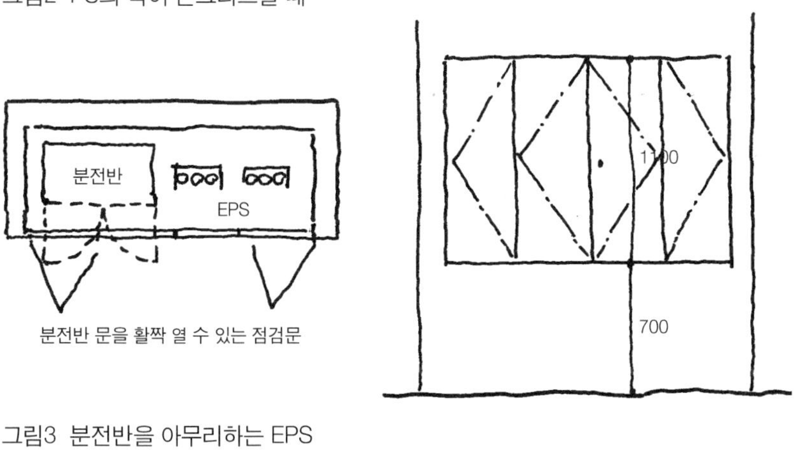

그림3 분전반을 아무리하는 EPS

019 건식 차음 칸막이 차음성능이 저하함

집합주택과 호텔, 기숙사, 경계벽의 건식 차음 칸막이 벽에서 말소리와 생활소음으로 인하여 클레임이 발생한다. 경계벽에 전기배관이나 콘센트 등을 매설했기 때문에 차음칸막이 벽이 단면 결손하여, 설비박스 등으로 인접실과 연결하였기 때문에 위해 말소리와 생활소음이 누설되는 크로스 토크라는 현상이 발생합니다.

1. 건식 차음 칸막이 벽 설비배관 등을 매설하지 않는다

건식 차음 칸막이벽에서는 원칙적으로 설비배관이나 콘센트, 스위치류를 매설하지 않는다. 매설해야 하는 경우에는 설비배관용 벽을 차음벽으로 덧대어 이중으로 한다.(그림1)

2. 건식 차음 칸막이벽의 차음성능 확보

① 설비 기계실의 배치는 차음성능이 요구되는 사무공간에서는 평면상으로 분리하여 배치한다. 층의 위, 아래로 배치하는 경우도 2층 이상 떼어놓는 것이 바람직하다.

② 건식 차음 칸막이벽은 천장면에서 멈추지 않고, 상층 구체 슬라브 아래까지 확장한다. 칸막이벽이 설비배관류의 관통부와 건물 구체틀 주변 등 이형재료로 맞대는 부분에는 록울(암면)이나 실링재 등으로 감아 약점을 보완한다.

3. 차음성능은 일본건축학회 실내소음에 관한 기준에 의한다.

표 1 실내소음에 대한 적용 등급

건축물 용도	실내용도	소음레벨 (dB A)			소음등급		
		1급	2급	3급	1급	2급	3급
집합주택	거실	35	40	45	N-35	N-40	N-45
호텔	객실	35	40	45	N-35	N-40	N-45
사무실	사무실	40	45	50	N-40	N-45	N-50
	회의 · 접대실	35	40	45	N-35	N-40	N-45
학교	보통교실	35	40	45	N-35	N-40	N-45
병원	병원(개실)	35	40	45	N-35	N-40	N-45

표 2 적용등급의 의미

적용등급	차음성능의 수준	성능수준의 설명
특급	특히 우수함	특별히 고성능이 요구되는 경우의 성능수준
1급	우수함	건축학회가추천하는 좋은 성능수준
2급	표준적임	일반적인 성능수준
3급	열악함	부득이 얻을 수 없는 경우에 허용되는 성능수준

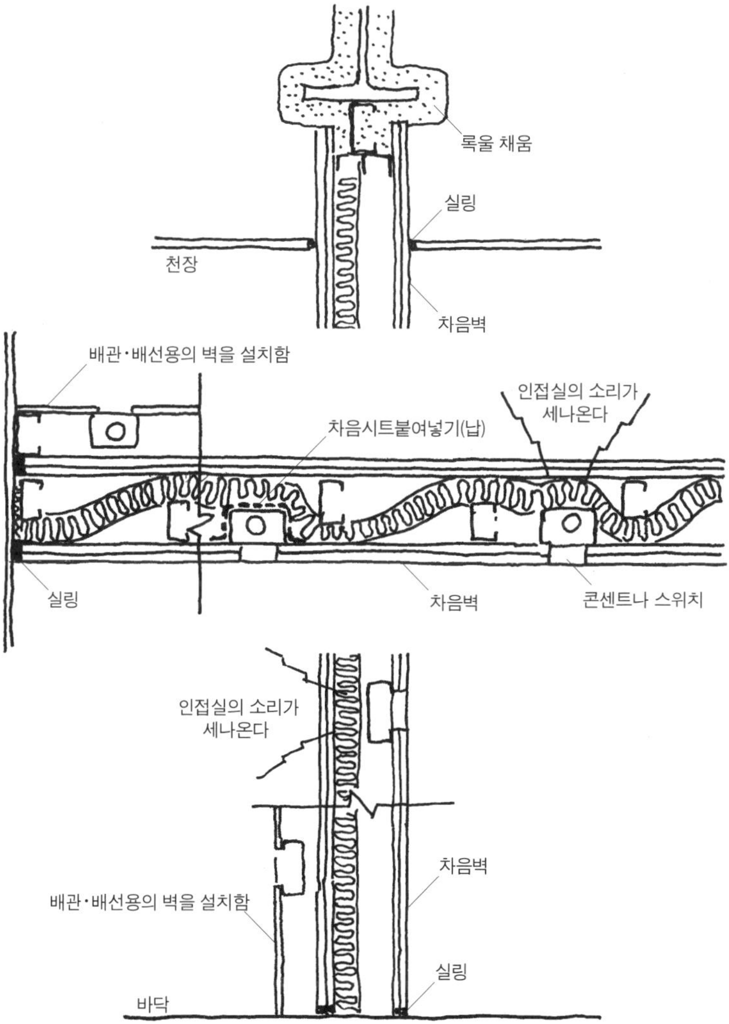

그림1 건식 차음 칸막이벽

020 창고 내의 노출배관은 요주의

본사 빌딩의 창고는 일반용 창고로써, 조명기구 및 기계 환기만 하는 직접 천장이다. 천장부에 위층에서의 배수관이 횡으로 설치되어 있기 때문에 이음부분에서 누수되고 보관중인 서류의 일부가 물에 젖어 사용할 수 없게 되었다.

1. 창고 안에는 물배관을 피한다.

명확한 창고를 제외하고는 설계도서에 용도까지 일반적으로 명기하지는 않는다. 일반용 창고인 경우에 무심코 안이하게 창고에 물매관을 통과시키면 이음부분에서 누수되어 보관물품을 젖게 된다. 비품창고라 하더라도 중요한 서류나 고액의 귀중품을 수납하여 보관하는 창고일 수도 있다. 건축주에 대한 창고의 용도. 확인은 중요한 사항으로써 미리 충분히 협의하는 것이 중요하다.

중요한 서류를 보관하는 창고일 경우, 창고 내의 물매관은 엄금한다. 부득이하게 물매관을 통과하는 경우는 횡 수평배관을 피하여 종 수직배관으로 하여 파이프 스페이스로 구획한다. 횡 수평배관을 하는 경우는 방수 팬으로 받이를 만들어 누수 감지센서를 설치하여 신속하게 대처할 수 있도록 중앙감시실에서 경보가 울리도록 하는 시스템을 도입할 것을 권장한다.

2. 창고 내의 유효높이는 중요한 사항

보관품은 랙을 설치하여 수납하는 경우, 유효높이는 설계조건으로서 중요한 사항이 된다. 보 아래에 조명기구 및 전선의 메신저를 통과하는 경우는 그것을 고려하여 층고를 결정할 필요가 있다. 랙의 높이에 따라 조명기구의 배치계획에 영향을 미치면 안 된다. 설계단계에서 설비 설계자와 충분히 협의하고 그 결과를 서면으로 건축주에게 확인하는 것이 필요하다. (그림 1)

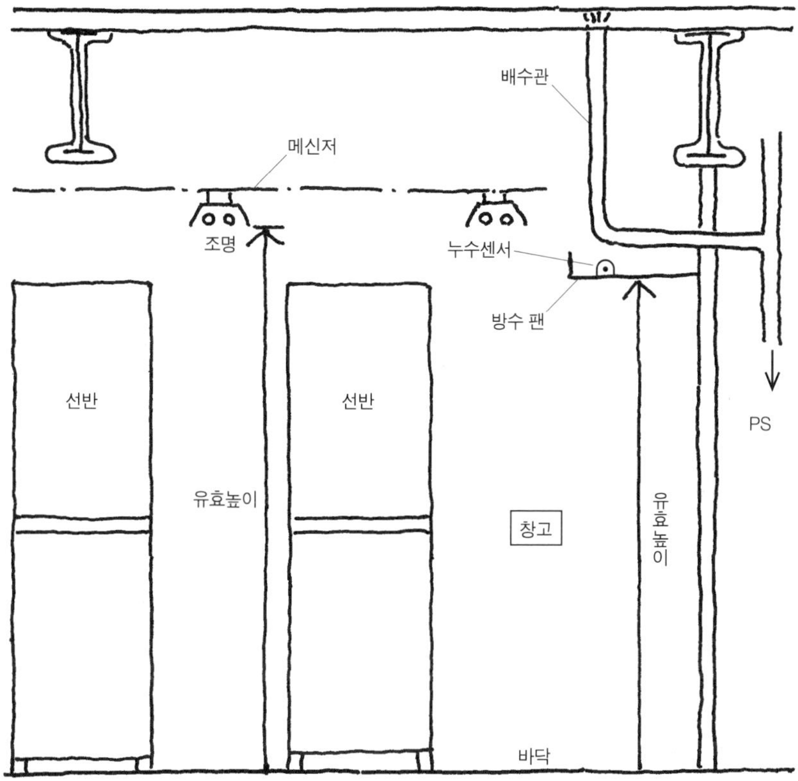

그림1 창고의 유효높이

021 대형 설비기기는 업데이트를 고려

규모가 큰 건물에서는 설비기계실에 대형 설비기기가 설치된다. 설비기기의 수명은 10년에서 15년으로 알려져 있으며, 준공 후 20년 전후로 노후, 열화 등으로 갱신 업데이트를 해야 한다. 갱신 업데이트시에 철거하는 설비기기가 반출해야 하거나 업데이트하지 않아도 되는 설비기기를 이동하지 않으면 설비교체를 할 수 없다.

1. 설비기기는 기기의 갱신 업데이트나 메인터넌스를 고려한다.

건축과 설비의 내구년수의 차이를 고려하여 예비공간을 갱신 업테이트를 하기 위해 미리 준비해 두는 것이 중요하다. 설계단계에서 렌탈비율을 높이기 위해 기계실 공간을 컴팩트하게 설치하는 경우가 많다. 대규모 설비 갱신을 시도했을 때 철거하는 설비 기계는 분할하여 반출할 수 있지만, 새롭게 업데이트 설비기기의 반입에 제한이 있다. 작게 분할하여 기 계에서 조립있는 것만은 아니다.

2. 설비기기의 반입 루트 확보

미래에 있을 설비기기 갱신 업데이트를 고려하여 반입계획을 하는 미리 해두는 것이 중요하다. 기계실이 지하 2층에 있거나 또는 지상 2층에 있는 경우, 기계실에서 트럭으로 적재반입할 수 있는 통로가 있으면 좋지만, 그렇지 않으면 설비 반입 용 기계 해치가 필요하다. 양중기가 진입하면 좋겠지만, 그렇지 못하면 기기를 매달기 위한 매닮 훅을 구체에 설치할 필요가 있다. 기계해치에서 들여와 설비기기를 설치하는 장소까지 운반하는 가로 수평이동을 위한 주행 레일을 통로의 천장에 설치하는 것도 검토한다.

3. 플렉시블(유연한)에 대응할 수 있는 공간계획

생산시설 · 실험시설에서는 사업계획에 의해 설비기기 시스템이 단기간에 변화의 폭이 크다. 생산시설 및 실험시설은 유연한 규모의 교체에 대응할 수 있는 공간계획이 요구된다. 건물 외부에 배관 · 배선, 덕트용 메카니컬 데크와 중간층에 메카니컬 층을 설치하는 것은 유효하다. (→002 설비 기계실의 적절한 공간)

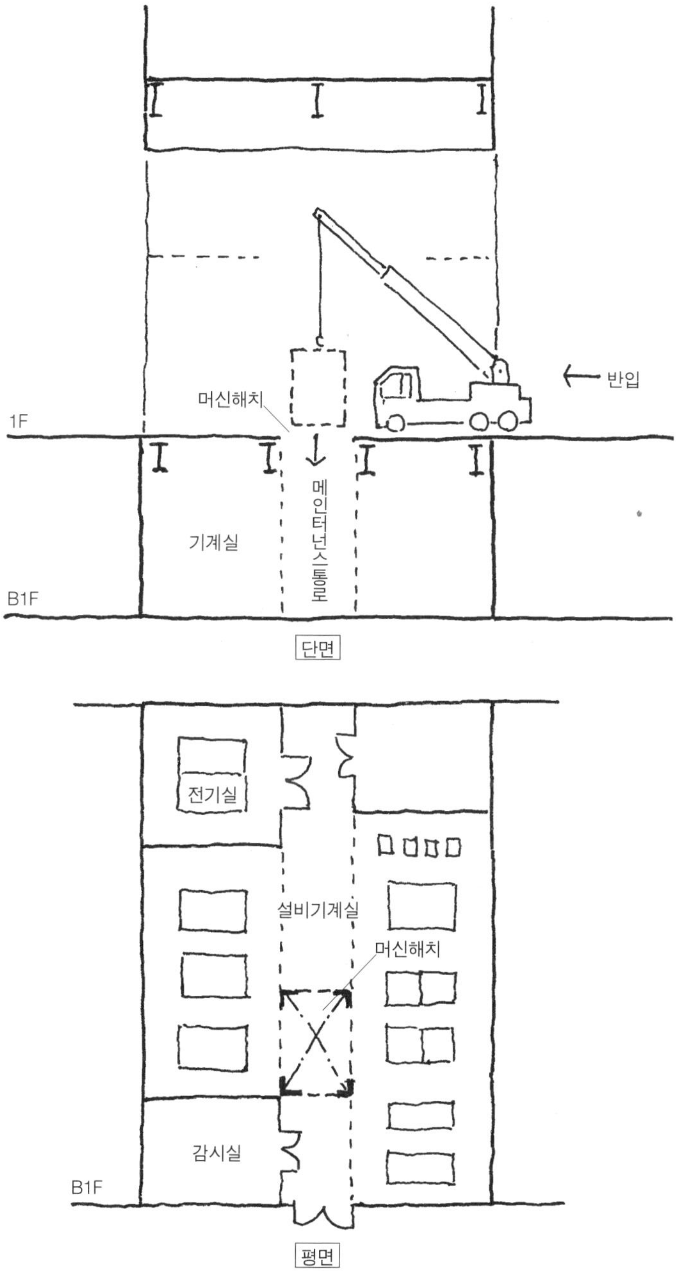

그림1 대형 설비기기의 반입

방화구획 벽을 관통하는 케이블 랙이나 다중전선관의 관통부에서는 록울을 충진하여 처리하는 것이 일반적이다. 케이블 랙에 다중전선이나 배관류를 관통하는 경우는 전선이나 배관류 사이에 충진한 록울이 시공 중에 낙하하여 틈새가 생길 수 있다. 또한 철골의 내화피복공사를 마친 다음 설비배관을 후 시공하면 내화피복이 손상, 박리될 수 있다.

1. 방화구획을 관통하는 배관 등의 관통마감

방화구획 관통부의 막고 처리공법은 건축기준법 제 36조의 규정에 의거 1 인증을받은 공법으로한다. (건축기준법 시행령 112 조 15 항, 16항)

① 방화구획, 방화벽, 내화구조의 칸막이와 경계벽을 관통하는 급수관이나 배전 관 등은 관통부 주위의 틈을 모르타르 등의 불연재로 메우고, 방화구획에서 양쪽면 1m 이내의 부분을 불연재로하거나, 불연재로 덮는다(그림 1).

② 환기, 난방, 냉방 등의 시설의 풍도가 방화구획을 관통하는 경우에는 관통부 주위의 틈을 모르타르 등의 불연재로 메우고, 구획 관통부에서는 화재시 연기와 열을 감지하여 자동으로 폐쇄되는 방연성능을 가진 방화 댐퍼를 설치한다

③ 철골 관통부 처리(그림 2).

④ 케이블 랙이 관통하는 방화구획 감기처리(그림 3)

2. 방화구획 관통부분을 모르타르로 메우는 경우

방화구획 관통부의 매 반환을 모르타르로 하는 경우는 건조 수축에 의한 틈이 있을 수 있기 때문에, 무수축 모르타르 또는 적정한 배합 비율 모르타르로 충전한다.

3. 방화구획을 관통하는 설비배관의 특례 기준

방화구획을 관통하는 설비배관을 불연재로 하지 않아도 좋은 특례 기준으로 건설성 고시가 나와 있다.

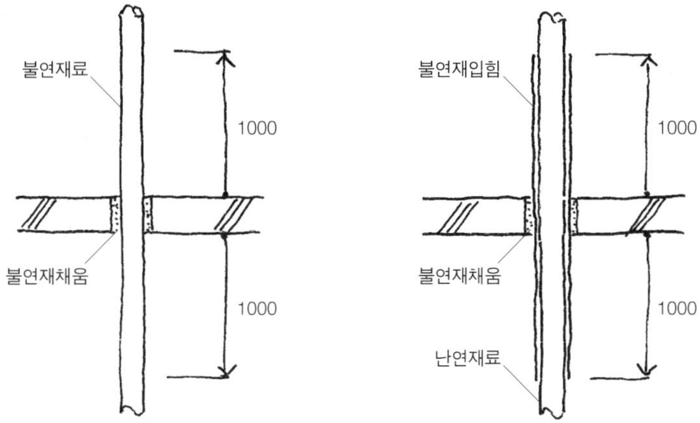

그림1 방화구획을 관통하는 배관

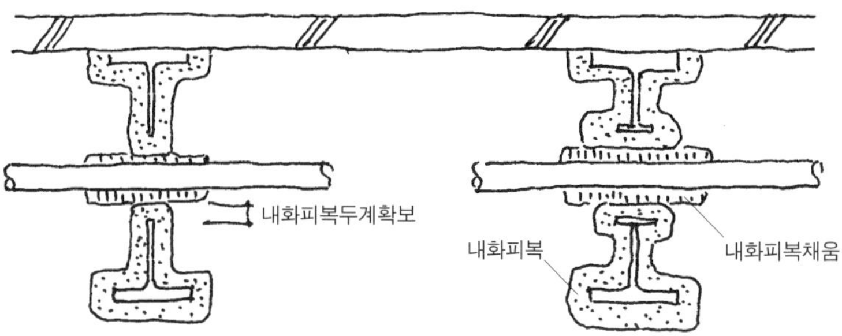

그림2 철골보 관통부의 처리

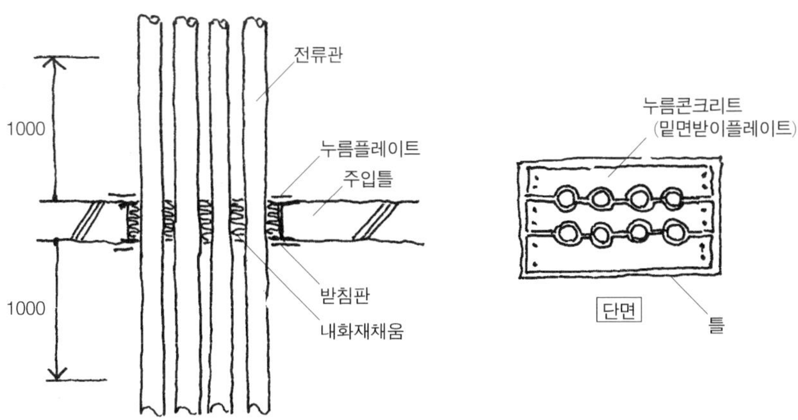

그림3 케이블 랙의 방화구획 관통부

조명스위치, 공조 컨트롤러, 온도 조절기, 콘센트, 보안스위치, 인터폰 등 벽설치높이가 들쑥날쑥 보기 흉한 경우가 있다. 또한 미관을 너무 중시하다가 사용상 편리성이 없는경우도 있다. 불특정 다수의 사람이 이용하는 시설에서 조작기기가 벽에서 돌출되어 있으면, 사람들이 서로 위험하다.

1. 벽 부착기구를 깔끔하게 정리하는 것은 어려운

조명스위치와 설비기구는 각각 크기가 다르기 때문에 원하는대로 정렬하기 어렵다. 또한 기구의 재료가 금속으로 되어있거나, 수지로 되어있는 것이 있고, 같은 수지이더라도 색이 다른 등 깔끔하게 마무리하는 것이 어렵다.

2. 다양한 크기의 기구를 깔끔하게 마무리 하는 것이 포인트

① 기구의 설치높이는 맨 끝을 모은다. 최근 기구의 크기도 스위치와 동일한 높이 120mm에 집약되어 있지만 여전히 더 큰 조작스위치 등을 볼 수 있다. 기구의 맨 끝을 가지런히 모아서 깔끔하게 정리한다(그림 1, 2).

② 여러 종류의 조작기기를 배치하는 경우에는 하나의 패널에 정리하여 배치한다. 방의 배치와 맞추고,기구의 용도를 명시할 때 알기 쉽게 해야 한다.

③ 사용 빈도가 적고, 특정인 만이 취급하는 조작기구는 눈에 띄지 않는 곳에 설치하거나 기구를 보이지 않도록 박스에 수납하고 설치한다.

3. 고령자나 장애인에 대한 배려

고령자나 장애인에게도 쉬운 기구의 설치높이나 기구의 크기가 있다. 노화에 따른 신체치수 나 휠체어 이용자에게 적합하고 작업성이 좋은 위치에 설치한다.(그림 3)

① 바닥면 근처의 콘센트는 높게 스위치류는 낮게 설치한다.

② 스위치는 터치면적이 크고, 파일럿 램프가 있는 것으로 하고, 실 용도에 따라 밝기조절이 가능한 디밍 스위치로 한다.

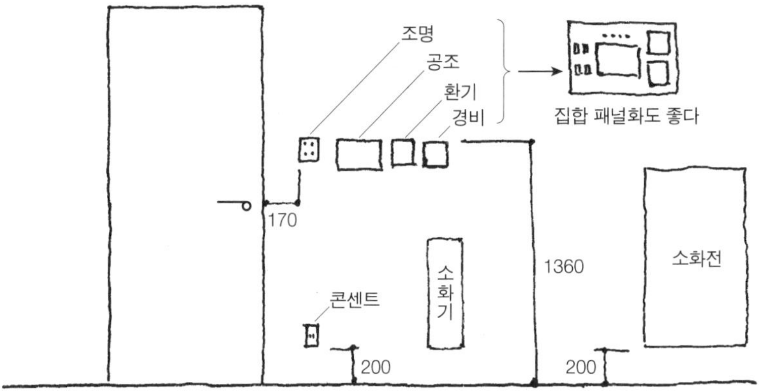

그림1 사무소의 기구의 높이

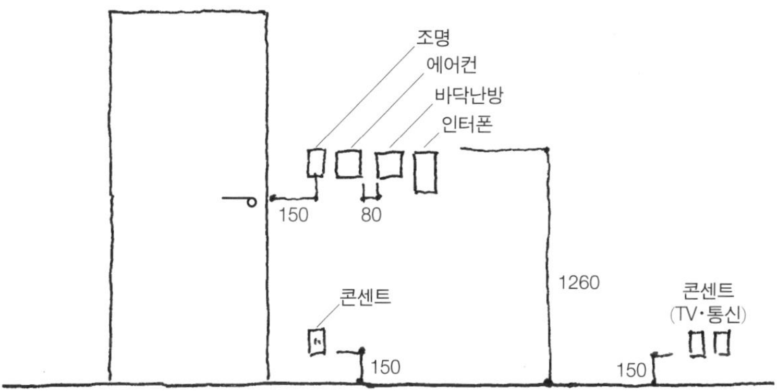

그림2 주택의 기구의 높이

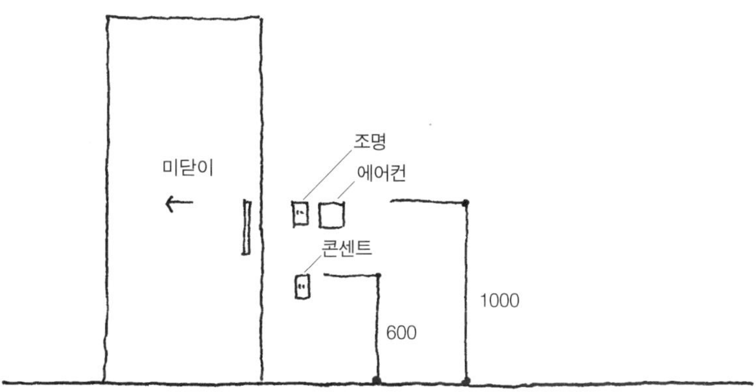

그림3 휠체어나 고령자 등이 접근하기 쉬운 기구의 높이

024 시스템 천장의 설비기구가 낙하함

오피스 빌딩 등은 시스템 천장이 많이 채용되고, 조명기구를 비롯한 설비기구가 깔끔하다. 지진 등으로 건물의 흔들림에 따라 시스템 천장이 흔들려 설비기구가 낙하할 수 있다. 기구의 낙하는 사람에게 떨어지면 부상으로 이어져 매우 위험하다.

1. 시스템 천장 설비기구

일반 보드붙임 천장에 있어서 설비기구는 천장 슬래브에서 매닮철물로 고정한다. 혹은 천장 보드에 고정하지만 천장 경철 기초에 고정하기 때문에 천장 보드가 떨어지지 않는 한 기구는 낙하하지 않는다.

시스템 천장은 천장 기초를 겸한 천장 프레임에 천장 보드를 얹어 깔끔하게 마무리한다. 조명기구나 공조기의 분출구도 천장 프레임에 위에 걸치는 것이 일반적이다. 감지기나 비상용 조명기구 등의 소형 설비기기는 설비 플레이트에 짜넣어 천장 프레임에 위에 걸친다. 따라서 걸쳐진 받치대 치수가 충분하지 않거나 지진으로 프레임이 변형되거나 손상되어 낙하한다.

2. 시스템 천장 설비기기의 낙하 방지대책

기구 낙하방지책으로서 기본은 천장이 지진시에 최대한 변위하지 않도록 18m^2 이하마다 반자방향과 T바 방향으로 1대 브레이스(경사재) 에서 천장 기초를 고정하는 것이다. 따라서 변위를 줄이고 시스템 천장 부재의 변형도 작게 할 수 있다.

기기의 낙하 방지책의 하나로 기구를 위에 거는 T 바에 긴결함과 동시에 설비가 프레임에서 벗어나 외부로 떨어지지 않도록 낙하방지 와이어나 체인을 장착한다. 설비 플레이트 역시 마찬가지로 낙하방지 와이어를 설치한다. 설비기기가 프레임에서 벗어나 외부로 떨어지지 않도록 2중의 안전책이 필 요하다. (그림 1~3).

(「건축 품질문제 예방의 포인트」 079「시스템 천장의 낙하방지책」 참조)

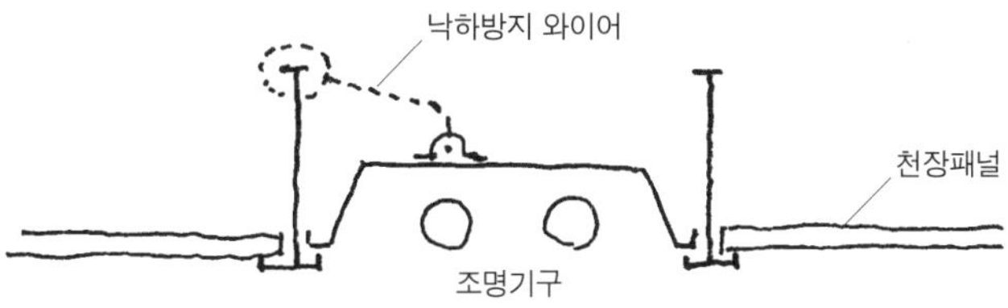

그림1 조명기구의 낙하방지

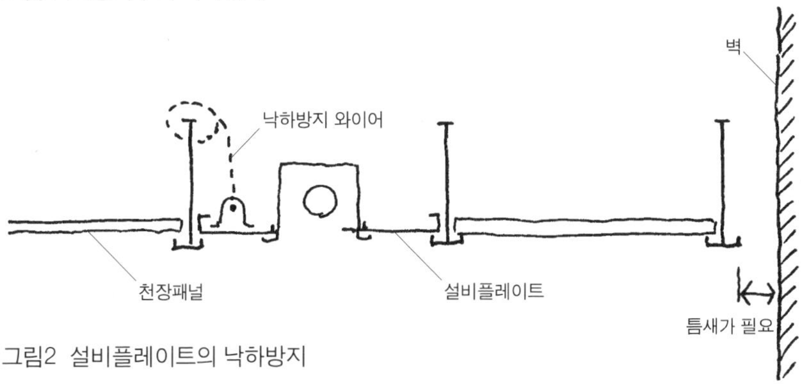

그림2 설비플레이트의 낙하방지

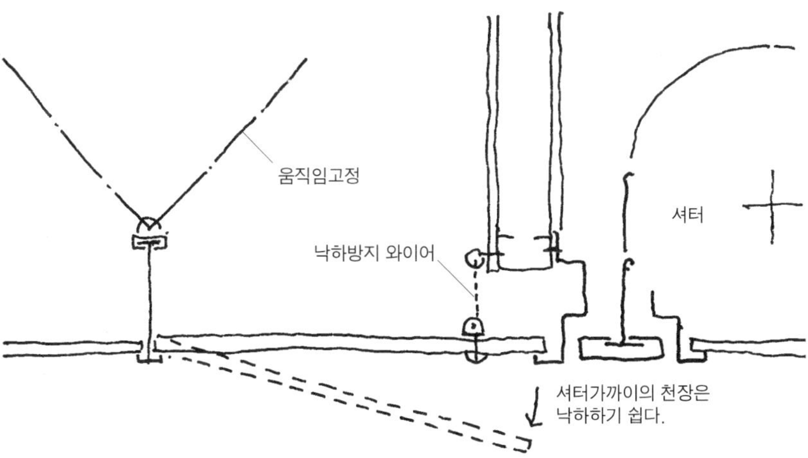

그림3 셔터주변의 천장패널의 낙하방지

025 시스템 천장은 소리 누출에 주의

시스템 천장을 채용한 오피스 공간은 윗층의 화장실 배수음이나 인접실의 말소리가 천장 슬리트에서 들릴 수 있다. 또한 조명기구에서 천장 안에 비쳐진 빛으로 인해 천장 안이 훤히 들여다 보인다.

1. 시스템 천장에는 두 가지 유형이 있다.

① 분출구와 흡입구 모두 덕트로 연결된 유형

모듈마다 분출구와 흡입구 모두 덕트로 연결된 유형

② 분출구는 덕트를 연결하고, 흡입구는 덕트가연결하지 않는 유형

모듈마다 분출구는 덕트로 연결하고 흡입구는 덕트로 연결하지 않고 천장 챔버로 사용하여 시스템 천장 안의 말단부에 환기구를 설치하는 유형

2. 시스템 천장의 슬릿(틈새)에서 소리와 불빛이 새어 나오지 않는 연구

분출구는 덕트를 연결하고, 흡입구는 덕트를 연결하지 유형은 반드시 주의해야 한다. 천장 슬릿부에서 인접실의 말소리나 윗층의 천장 안에 설치되어 있는 설비기기의 구동음이나 진동음이 들릴 수 있다. 차음성능을 요구하는 회의실이나 사무공간 테넌트 구획의 칸막이 벽은 천장면에서 지지하지 않고 윗층 바닥 슬래브 아래까지 늘려서 슬래브 to 슬래브로 지지를 한다. 시스템 천장 안으로 배수관을 관통하는 경우는 배수관에 차음재(납 시트 등)로 감아 차음성능을 확보한다.

시스템 천장의 슬릿에 설비기구 등이 짜넣지 않은 부분은 슬릿부에서 조명기구로부터 천장 안에 비쳐진 빛으로 인해 천장 안이 훤히 들여다 보이 지 않도록 흡입배플(트랩)을 설치하면 된다(그림 1).

3. 시스템 천장 슬릿은배연로에도 이용

건축기준법에 규정된 배연시설로는 천장 챔버 배연방식이 있다. 이 경우, 시스템 천장 슬릿부를 배연흡입구로 이용하는 것이므로 보 아래의 유효면적을 확보하여야 한다. (→054 천장 챔버 배연은 보 밑의 공간이 필요)

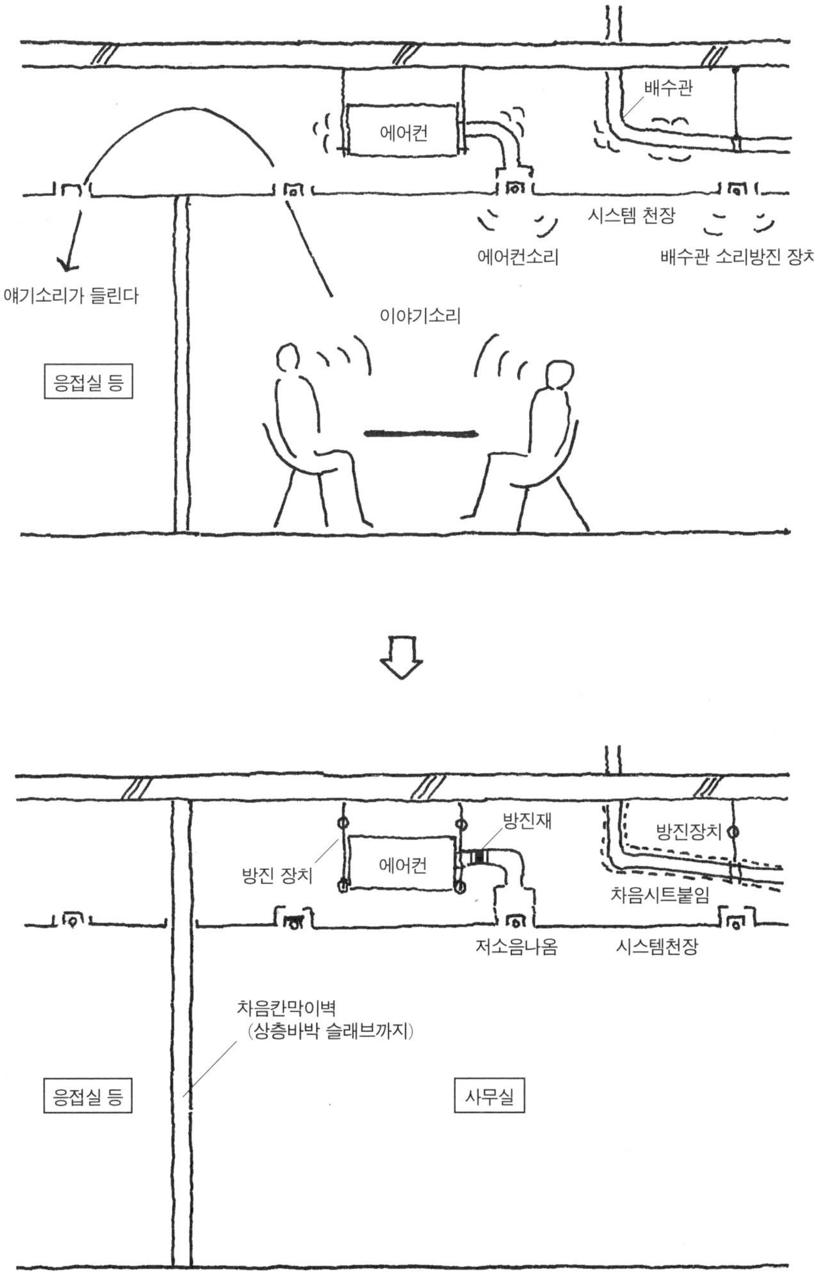

그림1 시스템 천장의 소리누출

설비전반
전기설비
공조설비
급배수설비
가스설비
방재설비
승강기설비

천장 안에 있는 설비기기의 진동이 천장에 전달되어 천장이 진동한다. 진동으로 천장이 공진하여 소음이 된다. 또한 지진시 천장 안의 설비기기가 흔들려, 천장을 손상시킬 수 있다. 심할 때는 설비기기가 탈락한다.

1. 천장 매닮 설비기기는 진동대책을

공조기 등 천장 안의 설비기기의 본체가 자신의 구동에서 진동한다. 그 기기가 윗층의 바닥 슬래브에서 매달려 있는 경우에는 위층의 바닥 슬래브에도 진동이 전달되어진다. 설비와 천장이 접하고 있는 경우에는 천장에 진동이 전달된다. 설비의 진동대책은 기구의 진동을 없애거나 줄여야 한다. 설비의 진동을 없애려면 진동이 천장으로 전달되는 것을 차단하기 위해 방진지지한다.

진동은 기기뿐만 아니라 기기와 연결되어있는 배관이나 덕트 등에서도 진동하기 때문에 방진대책이 필요하다. 공조기 등이 천장 매립형인 경우, 천장과 접하는 부분은 틈새(1mm 정도가 좋다)을 마련하거나 방진재로 좁혀야 한다.

2. 천장 매닮 설비기기는 지진대책을

천장 안으로 설치하는 설비기기는 자신의 질양에 따라 지진력(수평력)을 받는다. 질량이 큰 설비기기만큼 큰 수평력을 받게 된다. 또한 위층 의 바닥슬래브에서 매달려 있는 경우는 수평력에 진자의 상태가 된다. 지진으로 설비기기가 진동된다면 연결되어있는 배관이 파단하거나 천장 안의 매닮재와 벽 재료와 충돌하여 천장의 손상으로 이어진다. 천장 안의 기기는 지진으로 변위하지 않도록 경사재를 X, Y 방향으로 설치하고, 어떤 지진이 와도 흔들리지 않도록 해야 한다.

3. 천장 기초의 매닮재와 설비기기의 매닮재는 병행사용 겸용 불가

천장 기초의 매닮재와 설비기기의 매닮재를 병행사용하는 경우, 진동의 전달뿐만 아니라 지진시에도 각각의 변우가 증폭되어 피해가 확대된다. 천장및 설비는 개별적으로 각각의 내진대책이 필요하다.

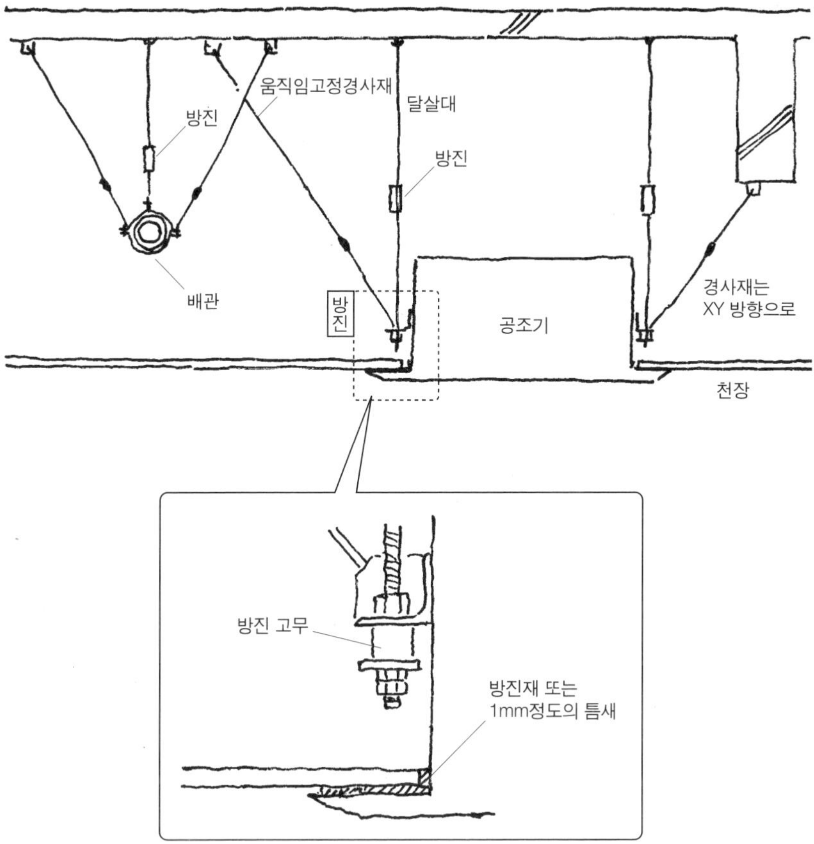

그림1 천장 매닮설비기구의 방진 · 내진

027 높은 천장 점검은 안전하게

점검구의 유무는 시공단계에서는 그다지 문제가 되지 않지만 건물이 인계된 후 보수점검시에 점검구의 위치의 유무가 문제된다. 호텔의 로비는 보이드 공간으로 높은 천장으로 되어있는 경우가 많다. 점검구의 위치도 디자인적인 배려에서 로비 천장의 모서리부에 설치하는 경우가 많다. 이 경우 천장 안의 보 아래를 지지가면서 점검을 실시하기,때문에 작업 또한 매우 어려운 것이 된다.

1. 보이드 공간의 높은 천장 비계가 필요

호텔 로비 등의 보이드 공간에서 천장이 높은 경우, 설비기기의 점검을 위한 비계가 필요하다. 조명기구의 전구교체는 램프 체인지(높은 장소 램프교환기구)가 손에 닿는 높이라면 좋겠지만, 그보다 높은 천장의 경우, 높은 장소 작업대나 롤링 타워(조립 비계)가 필요하다. 최근에는 LED 조명도 늘고 있지만, 전구교체, 기구교체, 점검에 관해서는 일반 조명기구와 별다르지 않다. 바닥이 단 바닥으로 되어있는 경우에는 높은 장소 작업대 및 롤링 집계하여 안전하게 이동시킨다는 것은 어렵다. 또한 수납 창고도 필요로 한다. (→032 조명 기구는 전구교체, 기구교체를 고려)

2. 높은 천장, 보이드 공간은 점검 통로

천장이 높거나 천장 안의 공간에 여유가 있는 경우 천장에 안전하고 쉽게 점검할 수 있도록 바로 윗층 바닥에 점검구를 설치하고 점검통로(캣워크)를 설치한다. 점검통로는 구체 보에서 매닮재로 지지보강하여 점검작업용 조명설비나 임시조명 콘센트를 설치한다(그림 1).

3. 천장 내로 들어가도록

여러 가지 목적의 점검구를 겸용하고 점검구의 수를 적게 한 경우, 조작 및 메인터넌스마다 천장 안으로 들어가야 한다. 천장 안에서의 이동이 용이하고 안전할 수 있도록 천장에 비계판 등을 설치해 두는 것이 도움이 된다. 이러한 점검구의 크기는 최대한으로 여유있게 해 두면 좋다.

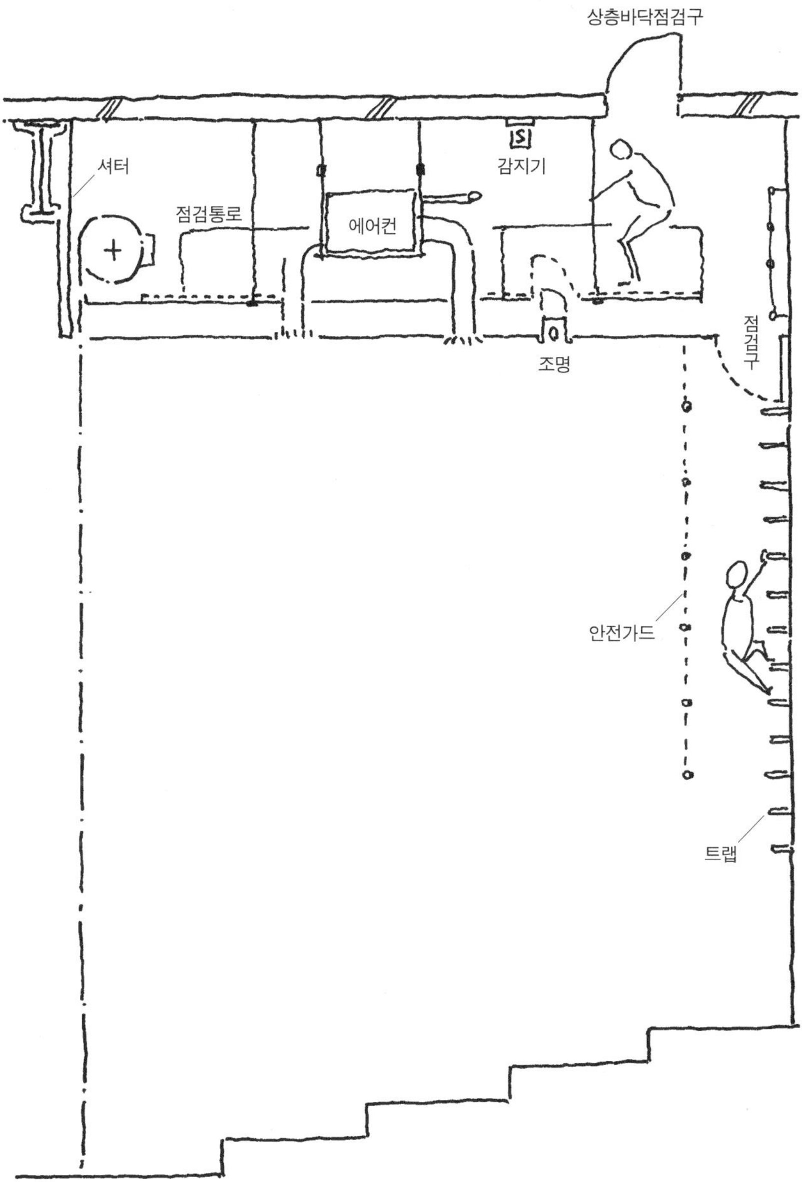

그림1 높은 천장의 점검은 안전하게

028 이 점검구는 무엇을 위해

천장에 설치된 점검구의 용도는 방화셔터와 자동방연 내림벽의 메인터넌스(유지관리)를 위한 것과 공조기 검사(필터 청소 포함), 천장 안에 설치한 통신기기(분배기 등) 점검용의 기타 배관 밸브조작을 위한 것 등 다양하다. 점검구의 각각의 무엇을 위해 설치된 점검구를 아래에서 올려다 보는 것만으로는 확인하기 어렵기 때문이다.

1. 천장 점검구에는 번호와 검사 목적을 표시

점검구는 아래에서 볼 수 있도록 번호를 표시하면 좋다. 점검구의 안쪽(점검구의 속 뒷면)에 어떤 점검용인가, 또는 경우에 따라서는 점검체크 확인사항을 표시하면 항상 점검이나 유지관리 관계자가 열어볼 때, 이 점검구가 맞는 것인지 일목요연하게 볼 수 있다(그림 1).

2. 점검구 일람표를 작성

점검구를 일람표를 작성하여 그 점검구의 점검목적, 정기점검 횟수나 관련업자, 연락처 등을 일람표에 표시하면 점검 · 관리에 활용할 수 있다. 유지관리 체크리스트로 활용하면 점검 누락도 없어진다. 유지관리의 효율화에 도움이 될뿐만 아니라 비상시의 대응도 신속하게 할 수 있는 장점이 있다. 시설관리(facility management 퍼실리티 매니지먼트) 일환으로 PC나 스마트 폰 등에서 관리하는 것도 가능하다(표 1).

천장 점검구가필요한 장소

1. 공조용 댐퍼류, 가변풍량 조정장치 등
2. 천장 뒷면 속에 설치하는 공조기나 팬장치, 밸브류(보수용 밸브, 자동밸브 등)
3. 옥상 설치 옥탑 방
4. 파이프 샤프트에서 천장 안의 공간 출구부근
5. 보 아래는 천장 기초공간만으로 배관, 덕트가 관통되어 있는 경우는 스팬 내에 1 개소 점검구가 필요

점검구 천장면　　　　점검구 내부

그림1 점검구에 번호와 용도를 표시한다

표1 점검구 일람표 (예)

<table>
<tr><th colspan="6">천장점검구 리스트</th></tr>
<tr><th>층</th><th>점검구번호</th><th>업종</th><th>점검기구</th><th>제품번호</th><th>연락처</th></tr>
<tr><td rowspan="5">3층</td><td>301</td><td>전기</td><td>연기감지기</td><td></td><td>△△전기
02-3147-0001</td></tr>
<tr><td>302</td><td>건축</td><td>방화
셔터</td><td>FSH3</td><td>○○셔터
02-3147-0001</td></tr>
<tr><td>303</td><td>공조</td><td>방화댐퍼</td><td></td><td>□□공조
031-943-0001</td></tr>
<tr><td>304</td><td>공조</td><td>공조기</td><td>FCU-3</td><td>상동</td></tr>
<tr><td colspan="5">천장점검구 배치도
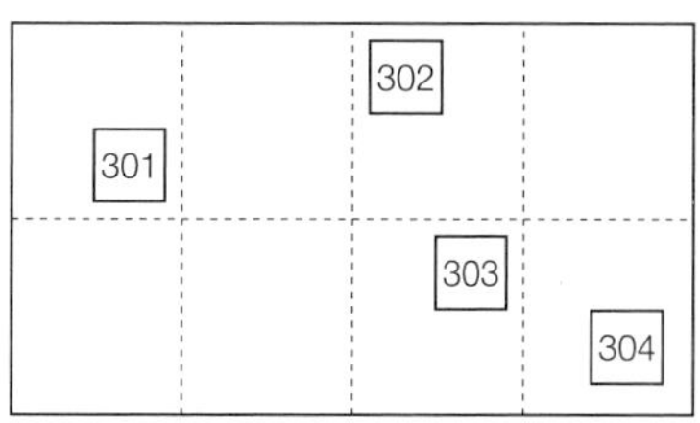</td></tr>
</table>

029 점검구가 너무 많아 보기 흉하다

천장에 필요이상으로 점검구가 많은 것을 볼 수 있다. 미관상 보기 흉한 천장은 공간을 만드는 데 중요한 요소이기도 하고, 디자인 대상이다. 기기 하나하나, 그리고 점검구 하나에 대해서도 배치를 고려해야 한다.

1. 점검구는 필요 최소한으로

점검구가 많이 설치되어 있는 것은 전기설비, 통신설비, 급 · 배수설비, 가스설비, 공조설비 환기시설, 그리고 건축용(자동문 셔터 등)으로서 각각의 유지 · 관리에 필요한 점검구를 별도로 설치하지 않기 때문이다. 각각의 설비에 필요한 것은 알지만, 배치를 조정해야 한다. 또는 점검이 쉬운 위치에 배관이나 기기의 위치를 조정하는 등 설비관계자(설비설계자, 설비감리자, 설비공사관리자, 설비업체)와 건축 관계자들이 서로 조정을 도모하여 점검구는 최대한으로 줄이는 노력이 필요하다(그림 1).

2. 점검구는 사용하기 쉬운 것을

점검구는 일년에 몇 번만 사용하는 것, 거의 사용하지 않는 것 등 여러 가지이다. 일반적으로 점검구를 눈에 띄지 않게 하려고 점검구의 마무리는 천장과 동일한 재료로 하고, 테두리(틀)는 가능한 한 가늘게 하고, 테두리 알루미늄은 천장 빛으로 커버한다. 그러나 자주 사용하는 점검구는 테두리를 가늘게 하면 테두리 주위의 천장재가 견디지 못하고 점점 더 손상이 심해진다. 따라서 자주 사용하는 점검구는 틀도 제대로 된 것을 사용해야 한다고 권하고 싶다(그림 2).

3. 천장 점검구 설치위치는 적절한가?

천장 점검구의 비계가 부적절하기 때문에 점검구에서 본체를 천장 안에 넣는 것이 곤란한 경우가 있다. 비계의 위치는 사람의 행동에서 판단하면 틀릴 일은 없다. 또한 점검구에 필요한 가장 적절한 설비기기가 설치되어 있으면, 머리만 천장 안에 넣어서 작업할 수는 없다. 점검작업을 미리 생각하여 설비기기에서 점검구의 위치를 결정할 필요가 있다(그림 3).

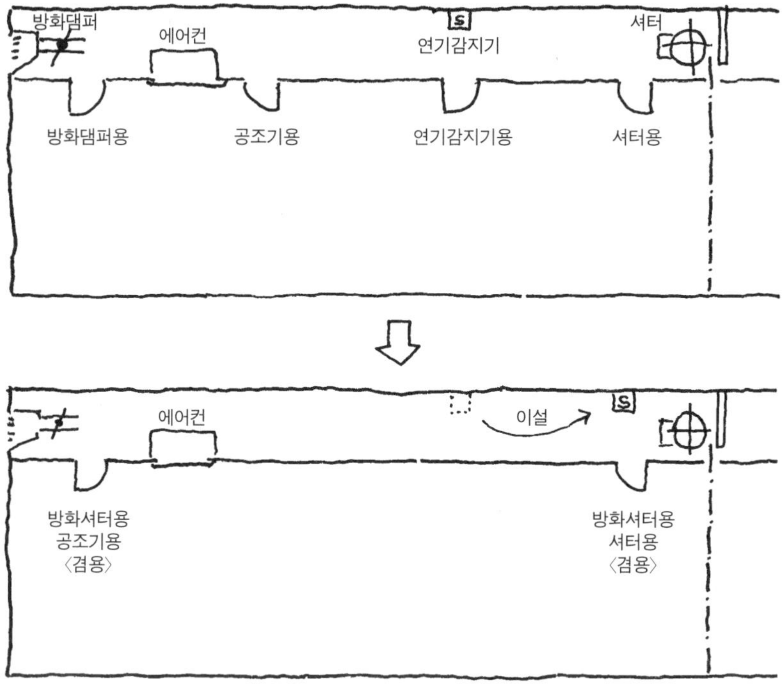

그림1 점검구는 필요최소한으로

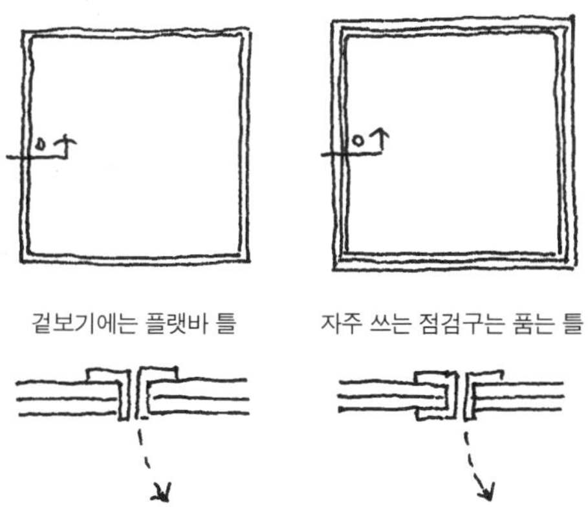

그림2 점검구의 틀

그림3 점검구의 여는 손잡이

030 고압 전기실에서의 소음 · 진동대책

특고 · 고압수전 등의 수전실은 변압기(트랜스)의 진동이 구체로 동반전달되어 위, 아래층에 전해져, 진동과 소음으로 다시 재방사된다. 변압기 본체의 진동이나 소음을 방지하려면 변압기 단체로 방진 외에, 변압기와 연결되어 있는 배선을 벽과 지지 프레임과 방진지지하는 방법이 있다.

1. 변압기(트랜스)는 진동을 수반 신음 소리를 발생시킨다.

변압기가 발전하면서 저주파 진동이 구체로 전달되어 여러 층의 위, 아래층에도 진동이 전해진다. 변압기는 뜬바닥 기초로 하여 구체와 절연한다. 변압기는 뜬바닥 기초와 견고하게 지지한다(그림 1).

2. 배선 파이프 프레임은 공진한다.

변압기에 연결되는 고압배선은 애자를 통해 배선용 파이프 프레임에 지지되어 배전된다. 배선용 파이프 프레임 고정지지는 바닥뿐만 아니라 벽면에서도 고정지지되는 것이므로 배선용 파이프 프레임과 바닥이나 벽면과의 접촉부는 방진지지하여 절연한다.

배선 또는 배관을 통해 진동을 동반전달하므로 방진용 파이프 프레임과의 지지는 방진매닮으로 한다.

3. 고압 전기실은 흡음재를 내장한다.

변압기의 발열 고압 전기실이 고온이 된다. 고압 전기실을 냉각하기 위해 단독 공조 패키지 및 환기설비 등을 설치할 필요가 있다. 공조기에 연결된 덕트의 진동이나 급 · 배기구에서의 소음도 발생한다. 고압 전기실의 벽이나 천장은 흡음재를 내장하여 실내 반향을 억제한다.(→ 070 특고압 전기실의 실온유지)

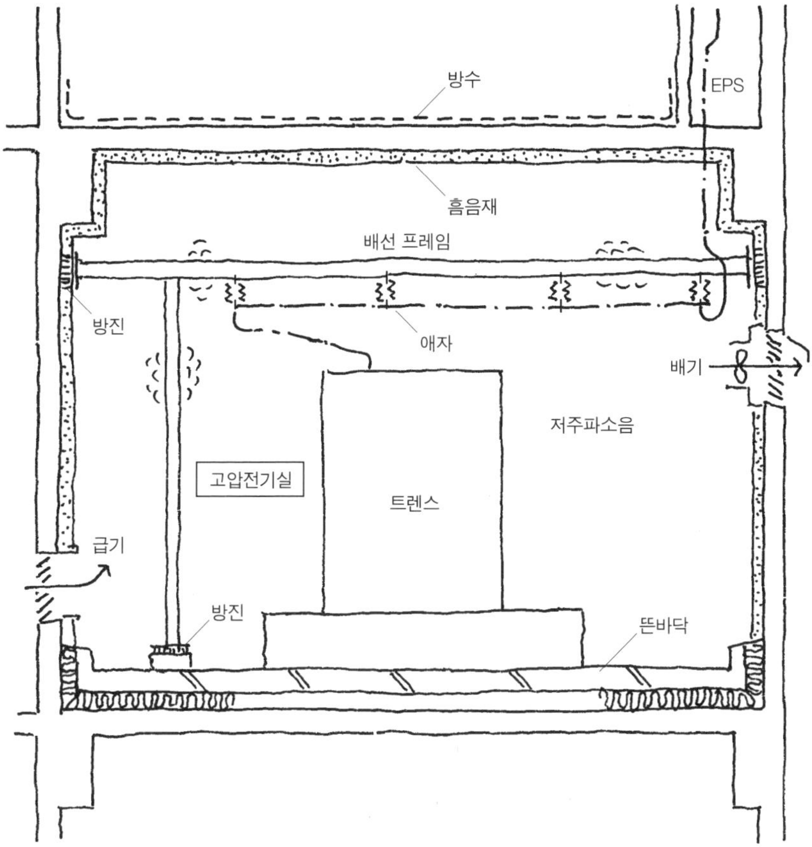

그림1 고압전기실의 소음

031 천장에 매달린 조명기구는 탈락방지를

공조흡출구에 가까운 천장에 설치된 샹들리에가 공조흡출구에서의 공기의 흐름에 매달린 볼트가 반복적인 흔들림으로 매달린 볼트가 느슨해져 이완, 탈락하여 샹들리에가 떨어진다.

1. 샹들리에와 천장에서 매달린 것은 진동이나 흔들림으로 낙하한다.

공조흡출구에 가까운 곳에 설치한 샹들리에와 천장에 매달린 것은 공조기류에서 반복적인 흔들림으로 회전한다. 따라서 매달린 볼트가 느슨해지거나 탈락하게 되고, 샹들리에나 천장에 매달린 것이 떨어질 수 있다. 천장에 매달아 설치된 공조기나 덕트의 진동이 구체에 동반전달되어 장시간에 걸쳐 매달린 볼트가 풀어질 수 있다. 외기가 유입된 장소에 설치한 샹들리에나 천장에 매달린 것도 마찬가지로 흔들리게 되어 낙하사고가 일어난다. 또한 기구설치시 볼트의 고정이나 나사조임이 충분하지 않은 경우도 탈락하여 낙하한다(그림 1).

2. 샹들리에와 천장에 매달린 것에는 낙하방지 와이어를

조명기구는 조명기구의 「내진설계 · 시공 지침」(일본조명기구산업위원회 기술자료 127)에 따른다. 100kg 이상의 특수조명기구는 「현수물 안전지침 동 해설」(일본건축센터)에 따라 내진설계를 한다.

일반 샹들리에 등 조명기구는 우선 천장 슬래브에 확실하게 고정하는 것이다. 강도가 있는 매달림철물(마운트 브래킷)을 사용하여 풀림방지 볼트를 사용하는 등 확실하게 고정한다. 다음은 낙하방지를 겸한 진동방지 와이어를 3개 이상 설치한다. 와이어는 샹들리에의 무게와 반복적인 흔들림에 충분히 견디는 강도가 필요하다. 따라서 지진시의 흔들림을 줄게 하여, 매달린 볼트가 외부로 낙하되면 안된다.

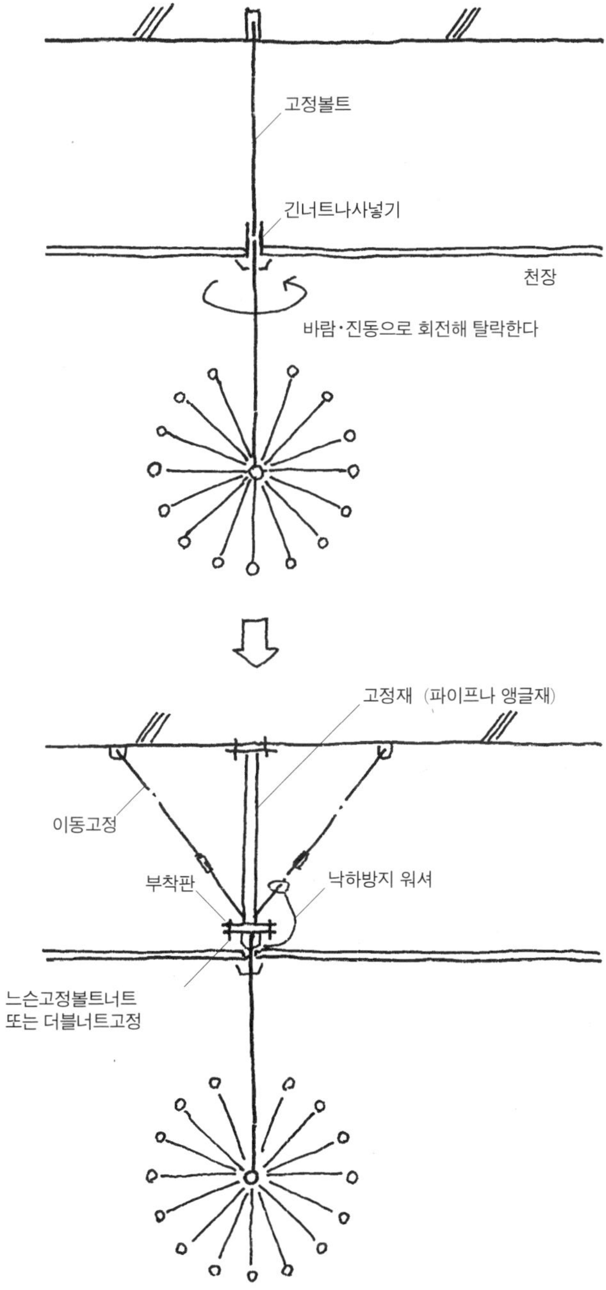

그림1 천장에 매달린 조명기구의 탈락방지

032 조명은 전구교체 · 기구교체를 고려한다

「조명기구의 전구교체를 할 수 없다.」는 클레임을 제기할 수 있다. 높은 장소에 조명기구를 설치할 때에는 전구교체를 쉽게 할 수 있는지 확인하도록 한다.

1. 전구교체의 유지 · 관리는 누가 하는가?

집합주택이나 사업장의 현관 등의 엔트런스홀부나 공장이나 창고의 높은 천장 의위치에 조명기구를 설치할 때는 실제 유지 · 관리 체제를 포함하여 전구교체를 하는 사람은 누군가를 예상하여 건축주와 미리 협의해 둘 필요가 있다. 공장이나 창고의 경우 조명기구의 전구교체 이외에 높은 곳에서의 유지 · 관리 작업이고, 높은 장소의 작업차가 준비되어 있는 경우가 있다. 이 같은 경우는 높은 장소 작업을 숙지한 필요한 자격을 가진 사람이 전구교체를 하기 때문에 문제는 없지만, 집합주택이나 사업장 현관의 엔트런스홀 보이드 부분에서는 조명기구의 전구교체를 관리인이나 주인이 하기 때문에, 안전하고 쉽게 교체할 수 있도록 배려해 둔다.

2 전구교체를 쉽게

높은 장소에 설치한 조명기구의 전구교체에서는 수명이 긴 조명기구를 선정하여 전구교체 횟수가 잦아지지 않도록 줄이는 것은 기본이다. 또한 높은 장소에 조명기구를 설치하지 않고 공간의 밝기를 확보하는 방법에 대한 검토도 필요하다. 예를 들어, 낮은 위치에 조명기구를 설치한 천장과 공간을 비추어서 벽면으로 집약하여 유지 · 관리가 가능하게 하는 등의 방법이 있다(그림 1).

3. 전구교체 방법

높은 장소에 조명기구를 설치하는 경우는 전구교체 방법이나 그것을 유지 · 관리하기 위한 기구 및 공구의 준비를 함과 동시에, 수납공간도 확보해 둘 필요가 있고, 교체방법은 다음과 같다.

① 접이식 사다리에 의한 전구교체
② 램프 체인지(높은 장소 램프 교환기구)에 의한 전구교체
③ 롤링타워(간이조립비계)에 의한 전구교체

④ 높은 장소 작업 대차에 의한 전구교체

⑤ 승강식 조명기구(오토 리프트가 있는 기구)의 채용

⑥ 트랩과 점검통로(캡워크)의 설치한 전구교체(그림 2)(→027 높은 천장검사는 안전하게)

4. LED 조명은 기구교체도 필요

LED 조명은 초기광속이 80%로 하락하면 전구교체가 필요하게 된다. 예상 조명 시간 2만시간, 약 10년 정도로 예상해도 좋다. LED 조명기구에 따라 전구교체 아니라 기구마다 교체가 필요한 경우도 있다. 그 경우는 전기공사가 필요하다.

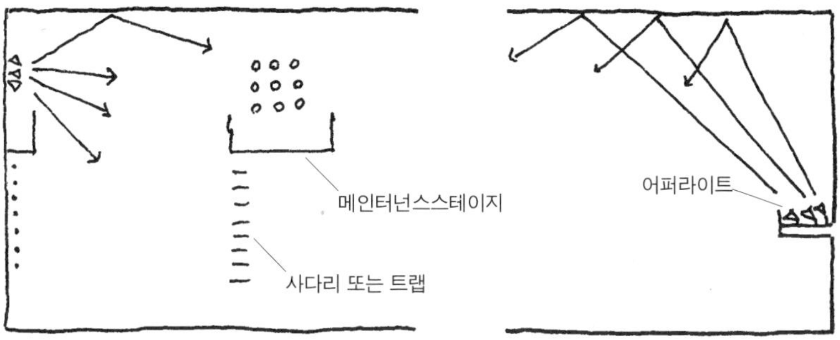

그림1 전구 부착 위치

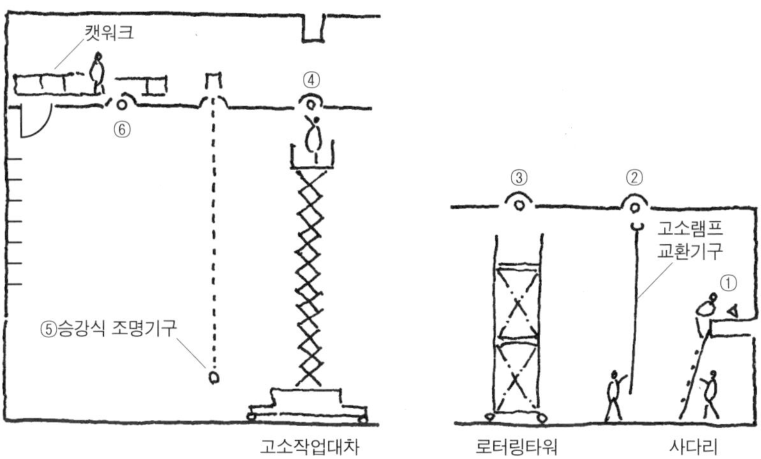

그림2 전구 교체 방법

조명계획은 객실의 용도에 따라 달라진다. 다이닝룸에서 펜던트 거실, 리빙룸에서 샹들리에와 다운 라이트 등 조명기구로 계획하는 경우가 많다. 침실은 침대에 누웠을 때의 눈에 대한 배려가 필요하며, 특히 병실은 환자가 하루 종일 침대에 누워 천장면을 바라보기 때문에 눈부심에 대한 배려가 필요하다.

1. 침실의 조명은 간접조명을 기본으로 한다.

침실의 조명은 침대에 누웠을 때 직접 광원이 눈에 들어가지 않도록 하는 배려가 필요하다. 다운 라이트라면 침대 머리맡에서 분리하여 매립형과 루버의 조명기구를 선택한다. 또한 밝기를 조절할 수 있도록 비상등도 필요하다(그림 1).

2. 사람에게 좋은 조명계획

병실이나 침실에서는 기본조명은 간접조명으로 권하고 싶다. 간접조명으로 천장면을 비추거나 벽면을 비추는 것으로, 천장면 광원이 눈에 들어가지 않게 조명 빛 자체가 1차 반사, 2차 반사하여 부드러운 빛이되기 때문이다. 천장면에 조명이 없으면 깔끔한 공간이 된다. 건축기준법상 설치가 필요한 감지기와 비상조명 등은 법적 이격거리를 확보하여 가능한 한 벽에 즈음하여 설치하는 등 배려가 필요하다(그림 1).

3. 병실 조명계획

병실은 치료를 위해 객실이자 침실이기도 하다. 1인실을 제외하고, 다인실의 경우 기본조도는 가져야 한다. 같은 병실의 환자에 대한 배려에서 야간치료 및 처리를 위한 처치등과 환자가 독서할 때의 스탠드 조명)도 필요하다. 천장은 유백색인 무기적인 마감으로 하는 것이 아니라, 우드 그레인과 느낌을 완화한 은은한 색조 천장마감재로 하는 것도 중요하다(그림 2).

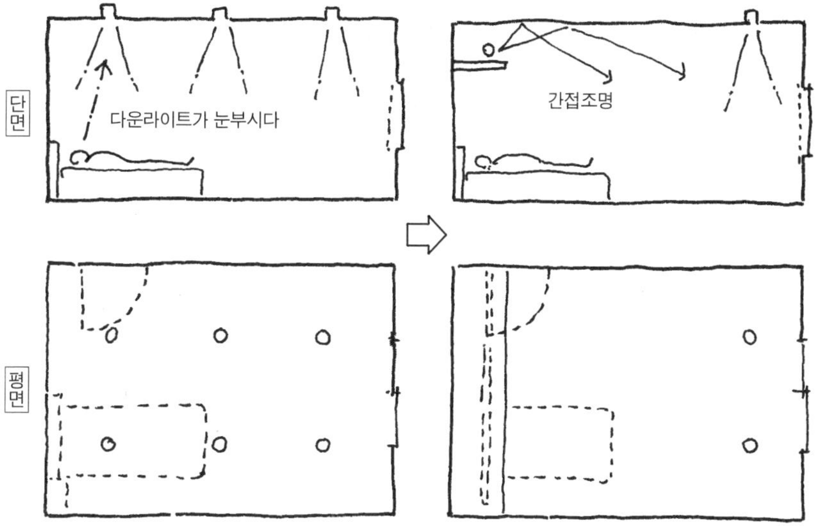

그림1 침실의 조명

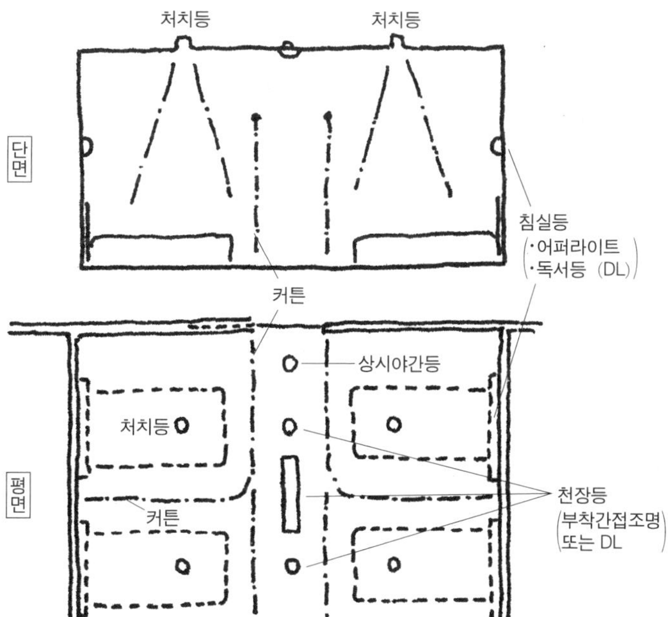

그림2 병실의 조명

034 조명은 색온도와 연색성(color rendering)

쾌적한 거주공간의 분위기는 조도레벨이나 밝기의 분포뿐만 아니라, 사용하는 램프의 빛의 색 「색온도(K)」와 그 램프에 의해 비춰진 물체에 보여지는 색 「색상의 외관 연색성(Ra : 평균 연색 평가 수)」에 크게 영향을 받게 된다. 색온도 및 연색성의 특성을 이해하고 기구를 선정하자.

1. 광원의 밝기

조명기구는 기구 본체와 램프가 탈착 교환할 수 있는 기존형 기구와 기구 본체와 램프가 일체인 LED 기구의 2종류가 있다. 광원의 밝기는 기존형은 「기구광속(램프 광속×기구 효율)」로 LED 기구는 동등한 밝기를 확보할 수 있는 기존형과 대비시켜 「○○램프 △△ 형상 당」으로 표기되어 있다(그림 1).

2. 램프의 빛 색 「색 온도(K : 켈빈)」

조명기구의 광원의 색은 색온도(K)를 이용하여 표현한다. 색온도가 높은 차가운 주백색 빛은 밝고 상쾌하여 활동적인 공간에 적합하여 높은 조도에서도 쾌적한 분위기를 얻을 수 있다. 반대로 색온도가 낮은 주광색 빛은 온화하여 편안한 분위기를 제공하는 조도의 공간에 적합하다. 온화한 분위기, 시원한 분위기같은 빛의 온도의 청량감은 개인차나 계절에 따라 다르지만 JIS(일본공업규격)에서는 3300K 이하인 램프 아래에서 온화하고, 5300K 이상의 램프 아래에서 차가운 느낌이라고 정의하고 있다.쾌청한 날 정오의 햇빛을 주광색이라 하고 대략 6500K 이다(그림 2).

3. 물체의 색상의 외관 「연색성(Ra : 평균 연색 평가 수)」

물체의 색을 비교할 때, 태양 아래서 나란히 비교한다. 태양 아래에서 보는 색상에 가까운 외관을 조명램프를 연색성이 좋은 램프라고 한다. 동일한 설계조도이더라도 연색성이 좋고 색채를 화려하고 아름답게 보이도록 램프를 사용하면 밝기감 효과가 높아지기 때문에 쾌적한 조명환경을 제공할 수 있다. Ra값이 높을 수록 색상의 외관이 자연광에 가까운 것이 된다. 집무공간과 장시간 체류하는 작업장에서는 연색성이 더 높은 램프를 사용하고 Ra값이 80미만인 램프는 사용하지 않는 것이 좋다(그림 3).

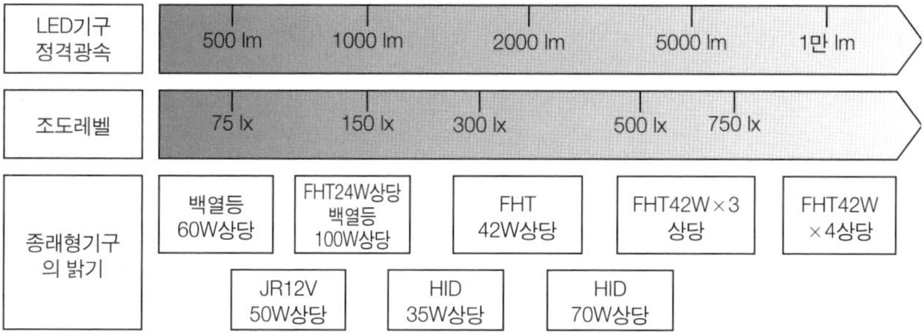

주) FHT : 형광등 6개 기둥타입의 컴팩트 형광램프
HID : 고압수은램프, 메탈하이드램프, 고압나트륨램프의 총칭으로 고휘도방전램프
JR : 「로볼트」라 부르는 할로겐램프

그림1 광원의 명도의 기준

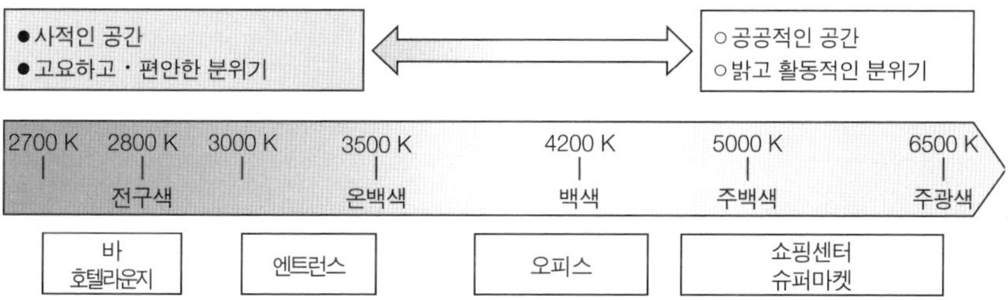

주) 실내조명으로 사용되고 있는 형광등은 「전구색」 「온백색」 「백색」 「주백색」 「주공색」 으로 분류된다.

그림2 색온도의 기준

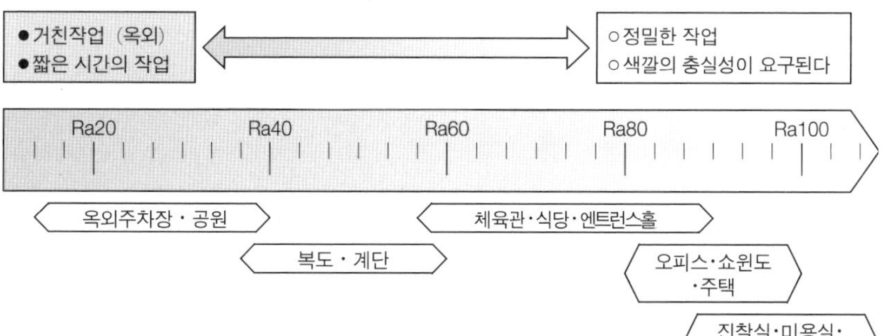

주) JIS Z조명기준총칙에서

그림3 연색성의 기준

035 경철 칸막이벽 내의 배선은 보호가 필요

경철 기초에 석고보드 등을 붙인 칸막이 벽이 많이 채용되고 있다. 그 경철 기초벽에 조명 스위치나 콘센트 등을 설치할 때, 경철 기초벽 속에 전기배선으로 비닐 절연비닐 시스 케이블(VA 선)을 그대로 배관없이 연결하는 예를 볼 수 있지만 배선이 손상될 우려가 있다.

또한 스위치 박스의 고정이 흔들려, 왜곡되어 움직여진 것을 볼 수 있는데, 접촉 불량이나 누전의 원인이 될 수 있다.

1. 경철 기초벽의 배선보호를

경철 기초벽 안의 전기배선은 경철의 기둥(스터드)을 관통한다. 경철의 지주의 관통부분은 손이 끊어질 정도로 날카로운 마구리가 되고, 거기에 비닐절연 비닐 시스 케이블을 배선하면 배선작업 중 비닐 피복에 상처를 입히게 된다. 또한 시간이 경과함에 따른 변화와 노화에 의한 피복의 열화 등도 생각할 수 있다. 지주 관통부만이라도도 보호관을 사용하여 배선을 보호해야 한다. 유연한(플렉시블) 수지관(CD관과 PF관) 또는 부싱(손상방지) 처치를 실시한다.

칸막이 벽 안의 VA 케이블에 못을 박아 누전한 사례가 있다. 칸막이벽 안에서는 아니지만, 비슷한 사례로 집합주택의 물 주위의 바닥 밑에 배관된 급수배관 HIVP에 못을 박아 누수된 사례도 있다.

2. 스위치나 콘센트의 콘센트 박스는 경철에 고정

경철 기초벽 안에 설치한 스위치나 콘센트의 콘센트 박스를 석고보드로 접착 고정하여 목재기초에 고정되어 있는 것을 볼 수 있다. 전기 스위치나 콘센트의 콘센트 박스는 경철 기초에 동종의 경철 기초재를 이용하여 고정하여야 한다. 특히 일상적으로 탈착하는 콘센트 뒷면 박스는 상하 또는 좌우의 2점 고정이 바람직하다.

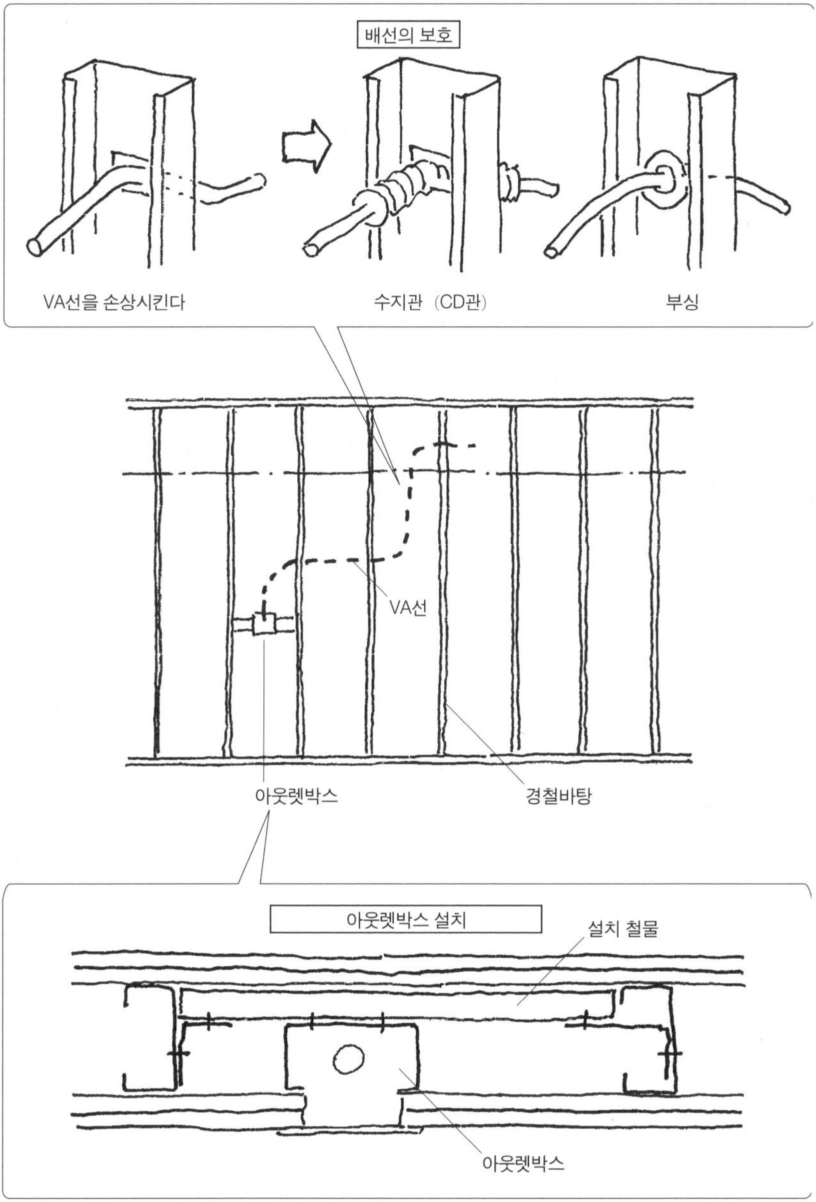

그림1 경철 바탕반내의 전기배선

휴대전화나 무선 LAN, 엘리베이터 제조 및 공작기기에서 고주파가 방출되어 의료기기 및 주변의 전자 기기의 성능을 미치게 할 수 있다. 의료기기에 영향을 준는 경우 진단오류로 연결되어 의료사고로 연결될 수 있다.

1. 고주파란

고주파(약칭 -HP)란, 주파수가 10MHz에서 300GHz의 전자파를 지칭하고, 전파라고도 합니다. 주파수는 전파나 음파 또는 교류전류 등의 초당진동하는 횟수로, 단위는 헤르츠(Hz)로 표기한다. 한번 진동하는 동안 진행하는 움직인 이동거리를 파장이라하고, 고주파는 1mm에서 30m 진행한다. 고주파는 TV 나 FM라디오 방송, 휴대전화 등 무선통신이나 전자레인지에도 사용되고 있다. 통신기기나 OA기기 등의 전기기기의 동작을 불안정하게 하는 등 장애를 일으킬 수 있기 때문에 대책이 필요하다.

2. 엘리베이터도 고주파를 방출

엘리베이터는 전원 고주파, 고주파 누설전류, 고주파 노이즈라는 고주파를 방출한다. 전원 고주파는 전압이나 전류에 부담을주고 고주파 누설전류는 누전차단기, 누전검출기의 불필요한 동작이나 전원 트랜스 중성선에서의 누설전류 유입에 의한 대지전압 노이즈(공통 모드 노이즈) 를 발생시킨다. 고주파 노이즈는 전화회선과 데이터 통신선에서의 유도에 의한 잡음이나 이미지의 왜곡을 발생시킨다.

[엘리베이터 고주파 대책] (그림 1)

① 엘리베이터 동력 용 전원 및 의료기기 등의 전원 신호선은 1m 이상 분리한다.

② 엘리베이터를 포함한 동력 전원 트랜스와 의료기기 등의 전원 트랜스는 분리한다.

③ 엘리베이터를 포함한 기기 접지아스선 과 의료 기기 등의 접지아스선의 배선과 접지는 분리한다.

④ 누전 차단기는 인버터 회선대응인 것을 사용한다.

3. 고주파가 인체에 미치는 영향

전파는 X선 등의 전리방사선과 달리 물질의 원자를 분리하여 전리작용을 일으키지 않지만, 자극작용이나 열작용 등의 단기적인 영향을 받는다.

① 자극작용으로는 저주파(100kHz 이하)의 지극히 강한 전파를 뒤집어씌워 체내에 전파가 흐르게 하여, 드르르, 콕콕 찌르는 듯한 느낌을 준다.

② 열작용으로는 고주파(100kHz 이상)의 지극히 강한 전파를 뒤집어씌워 체온이 오르도록 한다.

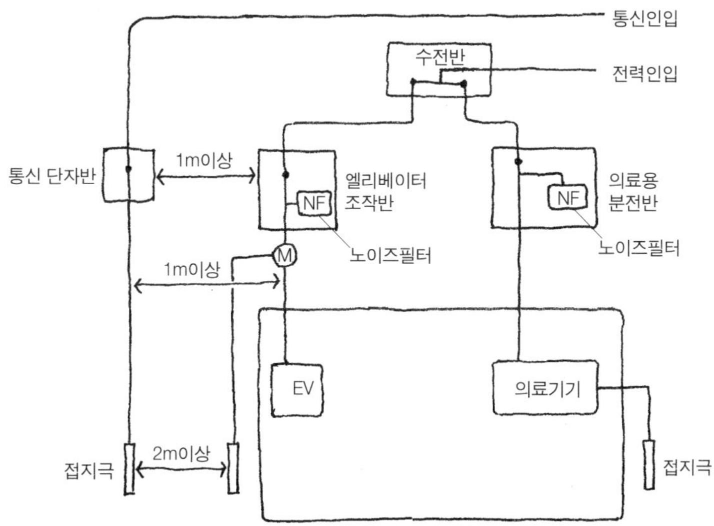

그림1 고주파 대책

037 접지극 도선에서의 누수

건물의 지하 외벽(또는 기초밑판)을 관통한 피뢰침 접지극도선(도선 · 구리)으로 지하의 물이 침입될 수 있다. 지하 외벽 관통부) 아무림에 실관 슬리브를 박아 그 속을 접지극도선을 통해 안과 밖으로 이중 씰재로 물끊기를 해도 연선 사이로 모세관 현상으로 지하의 물이 침입해온다.

1. 지하 외벽이나 기초밑판을 관통하는 접지 도선에는 물이 단자를 사용

접지 도선에 혼연 도선을 사용하면 연선에 따라 모세관 현상으로 지하의 물이 침입해 온다. 반드시 접지극의 물물끊기 단자를 이용하여 물끊기처리를 한다. 지하 외벽부를 관통하는 경우, 지하의 물이 침입해오는 것처럼 이중벽 부분으로 관통한다.(그림 1)

2 접지극 도체의 재질

뇌격을 받아들여 번개 전류를 안전하게 대지에 흐르는 도체의 재질은 구리, 알루미늄, 철, 스테인리스가 있고, 각각 선형도체, 봉형도체, 띠형도체, 관형도체 4 종류가 있다. 알루미늄 도체는 직접 흙에 접촉하면 부식이 현저하게 진행되기 때문에 접지도체로 사용하지는 않는다. 구리혼연 도선이 사용되는 경우가 많다. JIS A 4201,2003에 적용하는 것을 사용한다.

3. 피뢰침 접지극(JIS A 4201) 접지 유의점

피뢰침의 접지는 전기 설비공사 감리지침에 따라 토질이 균일하고 매설물이 없는 곳에서 지하 0.75m 이상 깊이로 매설한다(그림 1).

① 각 인하도선에 1개 이상 연결

② 재료는 두께 1. 4mm 이상, 면적 0.35m² 이상의 동판이나 동등 이상의 것.

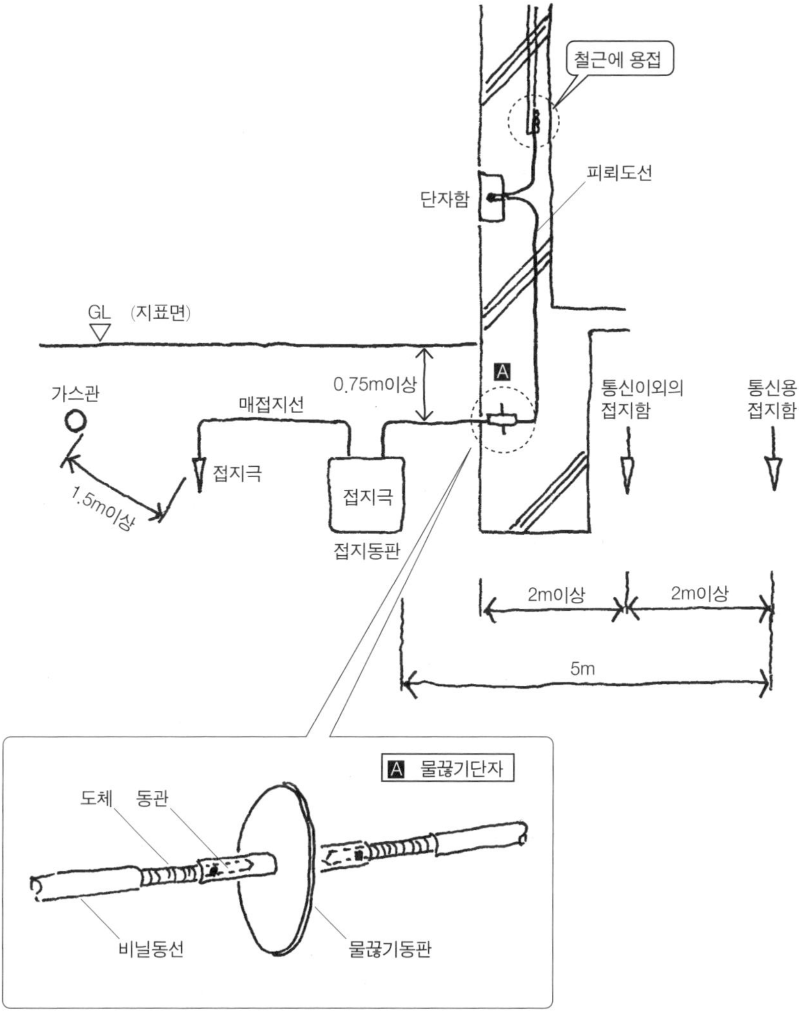
철근에 용접
피뢰도선
단자함
GL (지표면)
가스관
0.75m이상
매접지선
접지극
1.5m이상
접지극
접지동판
통신이외의
접지함
통신용
접지함
2m이상
2m이상
5m
A 물끊기단자
도체
동관
비닐동선
물끊기동판

그림1 접지극의 배치

038 곤돌라에 의한 통신장애와 진동 · 소음

옥상에 설치된 외장 청소용 곤돌라가 전파수신장애가 발생되어 BS와 CS 방송 등을 수신할 수 없게 될 수 있다. 또한 곤돌라 이동주행시 진동이 구체동반 전달되어 아래층으로 진동 · 소음의 원인이 된다.

1. 통신장애는 곤돌라의 주행궤적에도주의

청소용 곤돌라를 외장 청소시에 통신용 안테나 앞에 서 중지되면 안테나가 장애물이 전파수신장애를 일으킬 수 있다. 옥상에 설치하는 통신 안테나의 위치는 청소용 곤돌라의 수납장소나 주행경로를 고려하여 전파수신장애가 유발되지 않는 위치에 설치한다(그림 1).

2. 곤돌라는 진동장애를 일으킨다.

곤돌라 주행시 진동이나 소음은 주행레일과 기초를 통해 구체 동반전달되어 레일을 전달하고 아래층에 진동장애를 발생시킨다. 바로 아래층에 거실이 있으면 진동 · 방음대책으로 해서 곤돌라 주행레일을 방진지지하고 곤돌라의 주행속도를 느리게 하면 된다(그림 1).

3. 곤돌라 설비는 피뢰설비로 접속한다.

곤돌라의 주행경로 안에 몇 군데, 피뢰침에서 나눈 연결단자를 설치한다. 곤돌라로 청소작업 중에도 낙뢰를 맞을 수 있다. 곤돌라가 정리하여 청소작업을 실시할 때는 곤돌라 본체에 대한 피뢰침 선감기로 정지할 때마다 연결단자로 접속하여 본드아스한다.

4. 곤돌라는 보이지 않게 수납한다.

청소용 곤돌라는 청소 이외의 시간은 수납되어 구동하지 않는다. 구동하지 않을 때, 도로에서 보이거나 인근 빌딩에서 보이면 미관상 좋지 않다. 수납시에는 곤돌라가 보이지 않는 것같은 위치에 수납고(수납위치)를 설치하도록 한다.

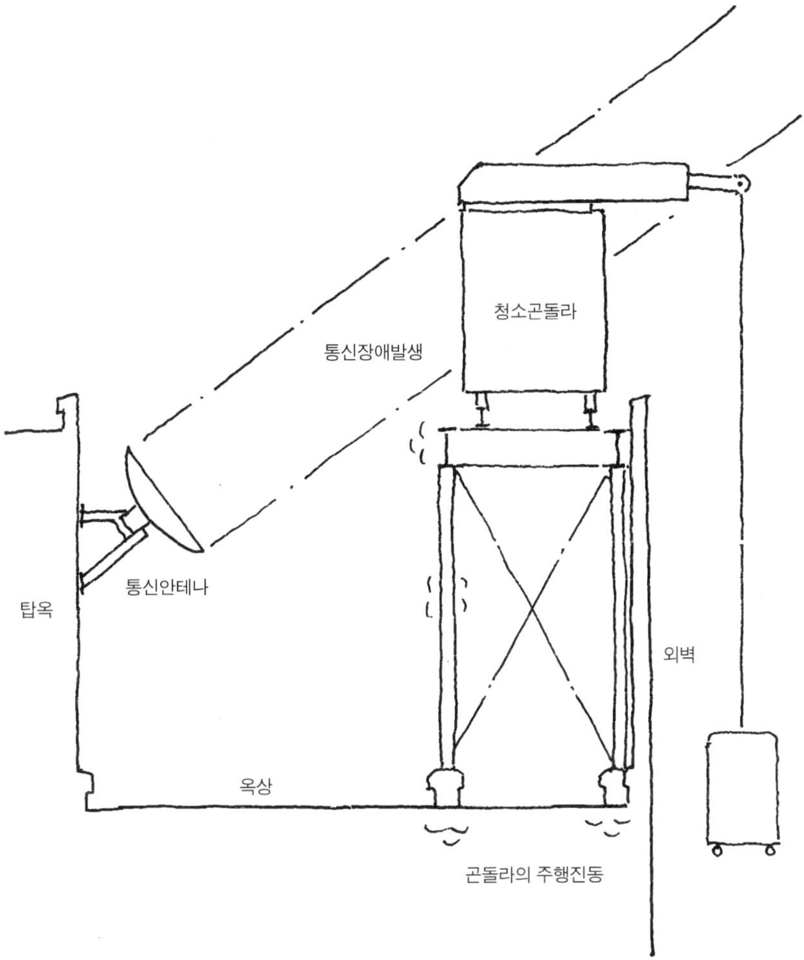

그림1 곤돌라에 의한 통신장애

태양광 발전 패널은 강풍과 방수에 주의

태양광 발전 패널은 신재생에너지로 주목받고 신축건물이나 기타 기존 건축물의 지붕이나 옥상에 설치되게 되었다. 강풍에 의한 비산이나 설치시에 방수층 파손에 의해 누수되면 안된다.

1. 태양광 발전 패널은 강풍으로 비산이 되면 안된다.

태양광 발전 패널의 지지대는 구조내력상 주요한 부분(기계기초)에 앵커볼트에서 긴결해야 한다. 태양광 발전 패널에 몰아치는 풍압력은 건축의 지붕으로 해서 건축기준법 고시에 의해 산정하고, 기계기초 및 지지대의 설계는 구조담당자의 확인이 필요하다.

2. 기존 건물 옥상에 태양광 패널을 설치하는 경우

방수는 10년 보증되어 있지만, 방수의 열하로 부 분보수나 전체 보수가 필요할지는 예측할 수 없다. 기존 건축물의 옥상에 설치하는 경우는 태양광 패널을 제거하지 않고 관리할 수 있도록 기계기초를 구체에서 치올림하여 방수를 감아 올리면 좋다. 구조내력상 주요한 부분에 긴결하는 것은 신축시와 동일하다(그림 1).

방수층의 보호콘크리트로 앵커에 직접 지지대를 설치하는 오류는 방수층을 관통하여 누수의 원인이 되는 뿐만 아니라 보호콘크리트의 강도 및 앵커볼트의 인발강도의 불안이 남아 있기 때문에 채용하지 않는다. 부득이 보호콘크리트 위에 설치하는 경우는 풍압에 대해 충분한 강도와 내구성을 만족시켜 주는 기초로 한다. 구조내력상 주요한 부분과 동등 이상으로 보일 뿐 하중 및 앵커볼트의 내력이 필요로 하고, 기존 구체의 적재하중 조건을 만족시켜 주는 것이어야 한다(그림 2).

태양광 패널 설치에 대응한 메이커 기성품인 금속베이스(건식공법)의 기초도 있다(그림 3).

3. 태양광 발전패널은 건축 기준 관계규정의 적용을 받는다.

기존 건물의 옥상에 설치한 태양광 발전패널은 아래를 실내적 용도로 건축물의 일부로 취급받고, 태양광 발전패널의 옥상에서 차지하는 면적비율에 따라 건축물의 높이에 산입되어 사선제한이나 일조권 규제를 받는다. 건축기준 관계규정의 적용을 받아 확인, 신청이 필요하다.

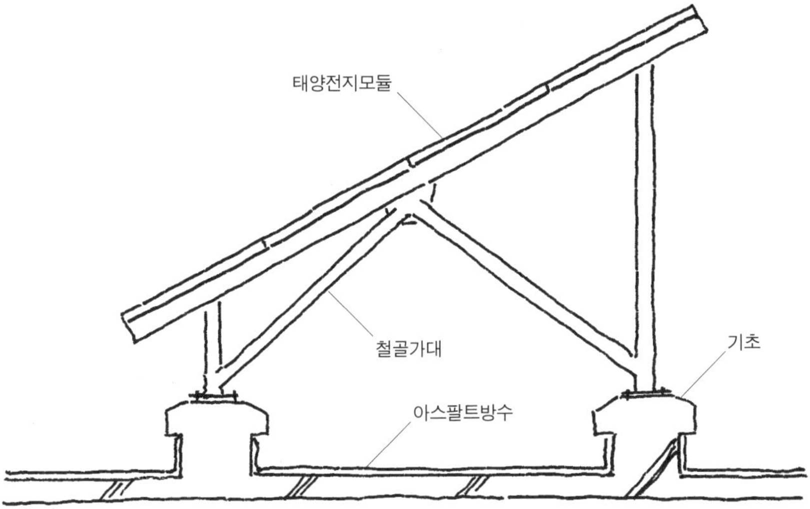

그림1 방수치올림을 설치한 RC기초

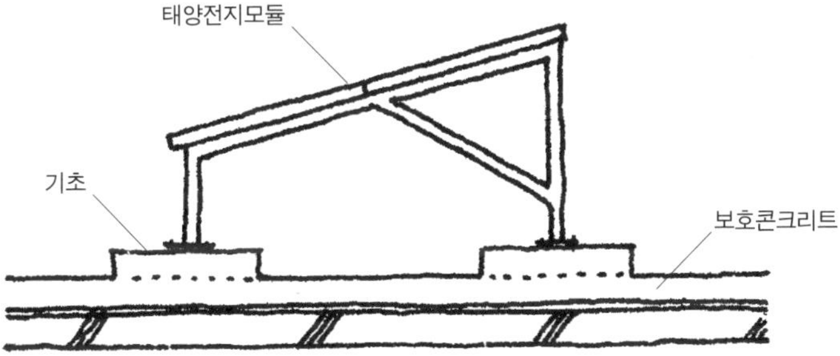

그림2 보호 콘크리트의 위에 설치하는 기초

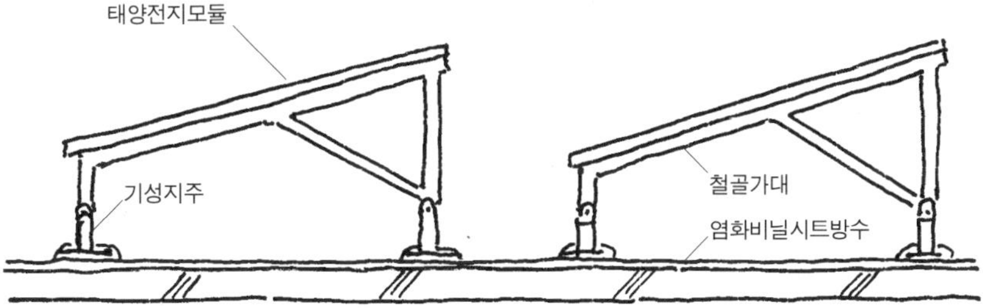

그림3 방수의 메인테넌스를 고려한 금속베이스(건식공법)

태양광 발전 패널의 반사광 장애

단독주택 지붕에 태양광 발전패널을 설치한 경우 · 태양광 패널 (태양전지모듈)에서의 반사광이 눈부시다」 또는 그 반사광이 실내로 들어와 뜨겁다 라는 불만이 인근에서 나올 수 있다. 태양광 패널은 발전효율성을 조금이라도 높이기 위하여 반사방지 코팅과 저반사 유리 등의 연구되고 있다. 흡수하지 못한 빛이 패널면에서 반사된다.

1. 계절따라 바뀌는 태양의 움직임

태양은 계절이나 시간에 따라 위치가 크게 달라진다. 태양광 발전패널에서의 반사광 방향을 검토하는 경우를 참고로 하여 하지에서 동지의 태양 고도의 변화와 일출, 일몰의 방위를 표시한다(그림 1).

2. 남쪽면에 설치하는 경우, 태양광은 하늘을 향해 반사한다.

일본 가옥의 지붕경사는 보통 16~31°물매, 양지바른 지붕의 남쪽면에 설치하는 경우, 태양고도는 그림 1에서 볼 수 있듯이 도쿄 근교에서는 30~78의 범위로 변화하기 때문에, 태양광의 반사광은 하늘을 향해 반사되어 지상방향으로의 반사광은 발생하기 어렵다(그림 2).

3. 동서면과 북쪽면에 설치할 경우, 태양광은 지상방향으로 향하는 경우가 있다.

동서쪽면과 북쪽면에 설치된 태양광 패널에 태양이 닿으면 하나 고도에 따라 태양의 반사광은 지상방향으로 향하는 경우가 있어, 근처 주택 등의 창에 비치면 반사광 장애를 일으킨다(그림 3).

4. 반사 장애방지

① 태양광 발전패널을 동서쪽면과 북쪽면 지붕에 설치하는 경우, 예상되는 반사광의 방향문제로 이어질게 뻔하니 창문이 없는지 확인한다.

② 문제가 예상되는 창문 등이 있는 경우는 태양광 발전 패널 설치위치에 거울을 두고 태양이 오는 방향으로 자신의 눈을 맞춰 거울에 비치는 경치를 확인하면 대략 예측이 된다. 그러나 태양의 위치는 시시각각 변하기 때문에 정확한 판단을 하려면 PC의 3D 소프트웨어에서 365일 동안의 시뮬레이션을 해보고 검증, 확인해보는 것을 권장한다.

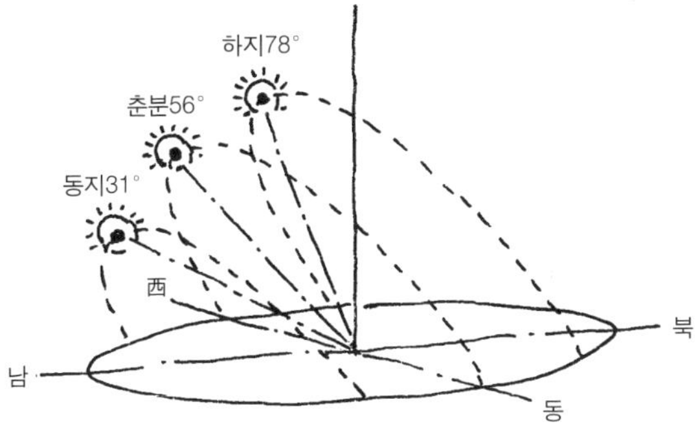

그림1 태양고도

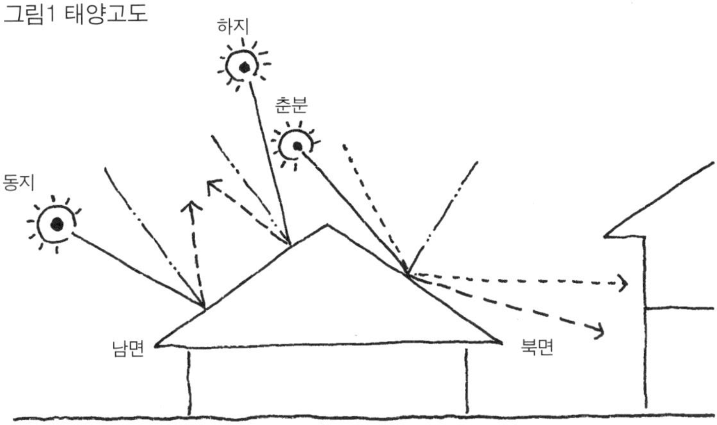

그림2 반사광

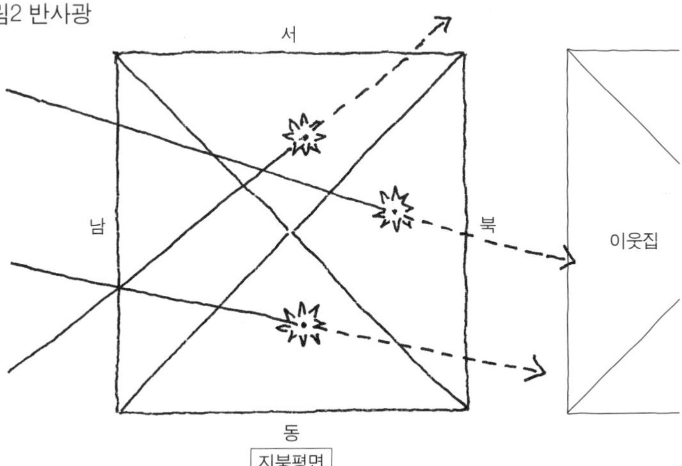

그림3 이웃으로 반사

부지 경계선에 공조 실외기를 설치하는 경우에는 소음규제 기준을 준수해야 한다. 인근에서의 진동 · 소음의 근원은 공조 옥외 기 이외에도 쿨링타워 하나, 물탱크의 물공급시 낙수소리, 변전소용 옥외 큐비클 등이 있다. 특히 심야의 주택가에서 이웃에 미치는 영향이 크다. 또한 반대로 인근에서 영향을 받을 수도 있다.

1. 부지경계에 공조 실외기를 설치하는 경우는 소음규제기준을 준수한다.

건축물에서의 소음 · 진동은 부지 경계에서 엄격하게 규제되고 있다. 부지경계에서의 공조 실외기를 설치하는 경우에는 설계시 사전검토를 실시하고 반드시 시운전시에 소음레벨을 측정하여 소음 규제기준을 만족하는지 확인한다.

2. 지자체마다 소음 · 진동 규제 조례로 기준치가 정해져 있다.

외부소음 규제기준은 지자체마다 소음 · 진동 규제조례로 기준이 정해져 있다. 지정지역(주민의 생활환경을 보전할 필요가 있다고 인정하는지역)에 특정공장을 설치하는 자는 해당 특정공장 등의 부지경계선에서 정한 규기준을 지켜야 한다. 규제 기준치는 전국 자치단체에 따라 다르지만, 표 1~3은 대표 사례로 오사카 시인 경우를 게재하고 있다.

3. 특정공장은

특정공장과 공장식별 또는 사업장에 설치되는 시설 중 현저하게 소음이 발생되는 시설을 말하며, 자세한 내용은 1968년 11월 27일 정령 제324호로 지정한다. 여기서 주의해야 할 것은 정격출력 7.5kW 이상의 압축기 및 송풍기이다. 이것은 공조용 실외기 등에 해당하고, 특정공장 등의 공장 또는 사업장에 집합주택과 단독주택도 해당되는 것이다. 도시계획구역 거의 전역에 있어서 규제를 받는다.

표1 소음규제규준 (오사카 시의 경우) (단위 : dBA)

구역 \ 시간	아침 (6~8)	낮 (8~18)	저녁 (18~21)	밤 (21~6)
제1종구역	45	50	45	40
제2종구역	50	55	50	45
제3종구역	60	65	60	55
제4종구역	65	70	65	60

표2 지정구역

구역	도시계획법에 의한 용도지역
제1종구역	제1종저층주거전용지역, 제2종저층주거전용지역
제2종구역	제1종중고층주거전용지역, 제2종중고층주거전용지역, 제1종주거지역, 제2종주거지역, 준주거지역, 시가화조정구역
제3종구역	근린상업지역, 상업지역, 준공업지역
제4종구역	공업지역

표3 환경기본법에 의한 환경기준치 (단위 : dBA)

지역의 구분	주간	야간
저층주거전용지역 · 중고층주거전용지역	50	40
주거지역 · 준주거지역 · 무지정	55	45
근린상업지역 · 상업지역 · 준공업지역 · 공업지역	60	50

준공 1년 후의 여름「냉동기 입구의 냉각수 온도가 내려가지 않는다.」,「냉동기의 성능이 나오지 않는다.」는 클레임이 발생한다. 냉각탑(쿨링타워)은 표준형 개방식 냉각탑으로 옥탑방 광고탑 은폐벽 등으로 둘러싸여져 있다.

1. 옥상에 설치한 냉각탑에는 풍도가 필요

냉각탑은 풍도가 없으면 냉동기 성능을 발휘할 수 없다. 옥상에 설치한 냉각탑을 디자인으로 광고탑이나 은폐벽으로 둘러싸인 냉각탑의 흡입부분에 적절한 공간을 확보하지 않은 경우 합선(쇼트서킷)이 발생하여 배출된 공기가 다시 냉각탑으로 흡입되어 냉각탑의 성능이 저하된다. 공기배출구의 위치 · 높이를 광고탑이나 은폐벽 끝보다 높게 쇼트 서킷을 막아야 한다(그림 1).

2. 은폐벽이 있는 경우의 쇼트서킷방지책

① 냉각탑 루버없이 은폐벽으로 둘러싸는 경우는 은폐벽과 냉각탑의 이격거리는 제조업체의 지침에 따른 이격거리를 확보하고 은폐벽의 높이보다 분출구의 높이를 높게한다(그림 2).

② 냉각탑을 루버를 설치하여 은폐벽으로 둘러싸는 경우는 루버의 개구율을 50% 이상으로 한다. 또한 루버와의 이격거리 W는 점검정비에 필요한 공간을 고려하여 W≧600mm로 한다. 은폐벽은 루버의 맨끝과 냉각탑 상부 사이를 막고 플레이트를 설치하면 된다(그림 3).

③ 냉각탑의 흡입구 루버는 물방울이 흩날리는 비산방지를 위해 루버의 날개는 위로 향하고 있기 때문에 포트부에서 공기를 흡입하기 쉬운 구조로 되어있다. 은폐벽과 루버 사이의 이격거리는 가능한 한 넓게 하도록 한다.

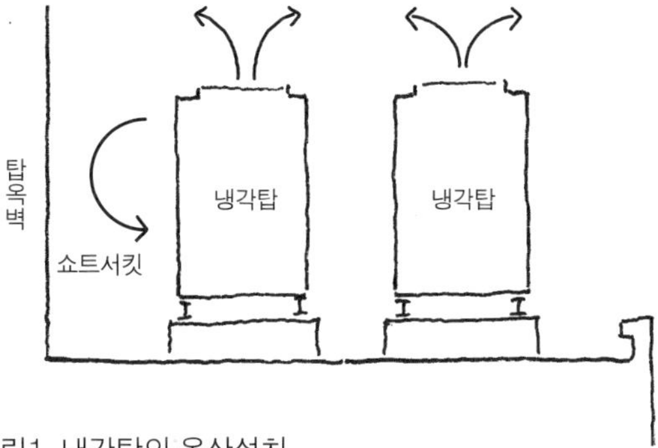

그림1 냉각탑의 옥상설치

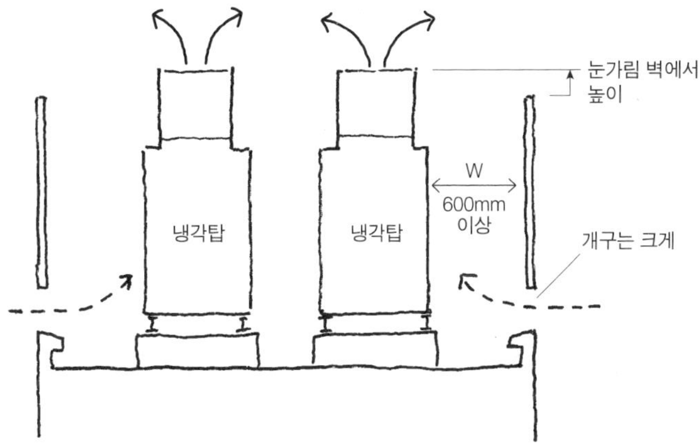

그림2 냉각탑을 숨은벽으로 에워싼 경우

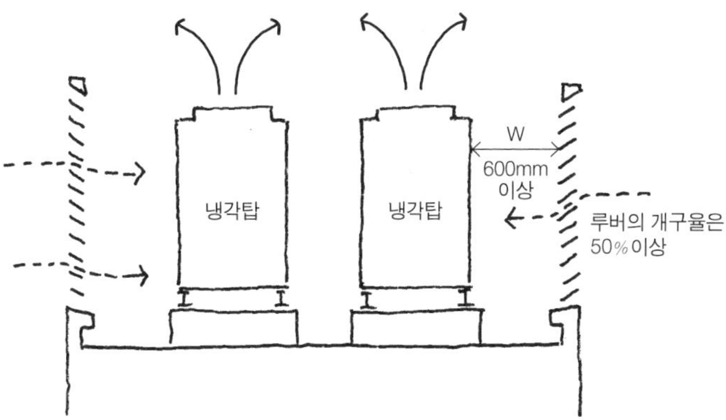

그림3 냉각탑을 루버로 에워싼 경우

요즘의 이상기후에 의한 예상한 적설량을 상회하는 강설때문에 옥상에 설치한 공조 실외기가 눈에 파묻혀 급 · 배기구가 막혀 기능 장애가 발생되었다. 또는 옥탑방 외벽 기계실 문도 쌓인 눈때문에 개폐가 불가능하게 되었다.

지상에 설치한 공조 실외기에서는 지붕에 쌓인 눈이 낙하하여 실외기의 급 · 배기구가 막히고 기능장애를 일으켜서 실외기가 파손될 수 있다.

1. 공조 실외기는 낙설이 예상되는 장소를 피한다.

공조 실외기는 냉매 배관길이를 최대한 짧게 하는 위치에 설치하는 것이 좋지만, 지붕에서의 낙설이 예상되는 장소에서는 원칙적으로 설치하지 않는다. 부득이하게 설치할 경우 지붕의 높이 등을 고려하여 실외기 상단에 낙설방지용 옥탑지붕과 차양을 설치한다(그림 1).

2 적절한 강설량 예측

설계시 강설량은 건축기준법 제20조 · 구조내력에 정하는 적설하중의 기준에 적합시키는 것이 일반적이다 - 시행령 제36조의3 및 영제 86조의 다른 건설부 고시(평 12建告 1455 호)을 참조한다.

3. 제설작업과 유지관리를 위한 점검 동선을 확보

일반지역에서도 최근의 이상기후에 의해 예상 외의 강설량이나 강풍에 의해 눈이 분사될 수 있다. 적설에 의해 옥상이 눈으로 덮여있는지역에서 제설작업을 쉽게 할 수 있도록 실외기의 주변부에는 제설 및 유지관리를 위한 점검동선을 확보하고 제설작업시 방수층을 손상하지 않도록 점검 동선부분은 방수층 보호를한다. 옥탑방에서 옥상으로 나가는 외부 문이 적설때문에 개폐가 불가능할 수 있으므로 외부 문은 차양과 벽에서 방설 주위에 설치한다.

4. 폭설지역은지역에 적합한 강설대책이 필요

옥상에 설치하는 공조실외기의 기초는 그지역의 강설량에 따라 기초높이를 결정함과 동시에 공조 실외기 두는 곳에는 지붕을 걸쳐서 설치하는 것도 검토한다. 실외기는 일상점검이 용이하도록 메인터넌스 공간을 확보해 둔다.

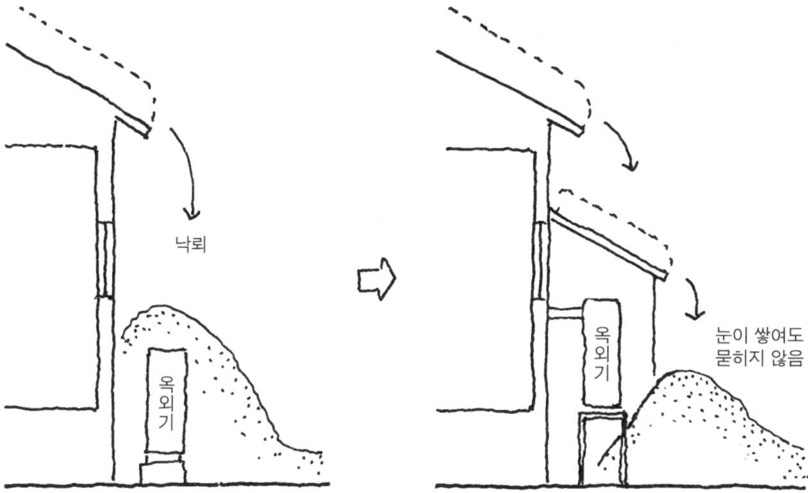

그림1 실외기를 락뇌로부터 지킨다

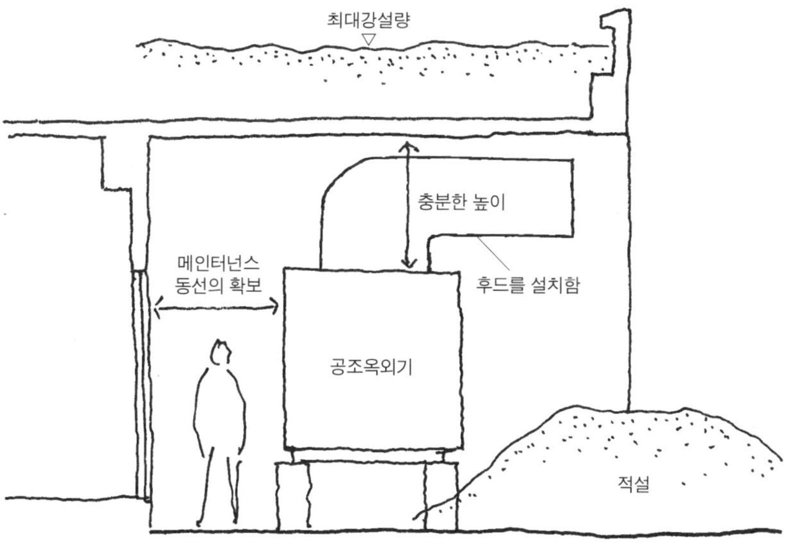

그림2 옥상 기계실 기초의 높이 및 메인터넌스 통로의 확보

냉동 · 냉장창고 문이나 문틀이 결로하여 문 주변의 바닥이 젖거나 결로한 물이 동결되는 문제가 발생된다. 또한 문틀 주위에 결로한 물이 동결하여 개폐가 어려울 수도 있다.

1. 냉동 · 냉장창고는 결로방지를 확실하게

냉동 · 냉장창고는 신선식품이나 냉동식품 등을 저온에서 저장하는 창고로 보관온도범위는 10℃ 이하의 것을 가리킨다. 문제의 대부분은 창고의 바닥이나 문 주변의 천장, 벽이 결로한 것이 결빙된다. 문은 단열창호로 해도 벽과 창호 프레임의 부분이 완전히 절연되어 있지 않으면 히트 브리지에 의해 결로 한다. 결로방지방책은 방열 및 방습을 제어하는 것이다.

2. 방열 · 방습 컨트롤

방열공법은 외부 단열방식과 내부 단열방식이 있다. 냉각된 창고벽 외부에 결로가 생기지 않도록 방열처리가 필요하다. 또한 방습층이 나빠지면 외부의 습기가 무한 냉동 · 냉장창고에 침투하여 방열재료를 저하시킬 뿐만 아니라 건축구조의 부식 등 주한 유인하여 냉동 · 냉장창고로서의 기능을 수행할 수 없게 된다. 방습층의 재료는 아스팔트 루핑, 알루미늄 호일, 폴리에틸렌 필름 등이 있다(그림 1).

① 방습층 구성의 원칙 방습층은 기초에 완전히 밀착시켜 전면적 연속시킨다.

② 방습층은 반드시 고온측에 설치된 저온측에 설치하여서는 안된다.

③ 바닥 단열층 실시 후 누름콘크리트를 타설할 때는 방열층 표면에 간단한 방수층을 설치한다.

3. 냉동 · 냉장창고 앞에 실을 설치

물품의 출입시 문을 여단을 때마다 밖의 따뜻하고 습한 공기가 침입하여 본체 내부의 바닥, 문 주변의 벽 · 천장이 결로 한다. 출입시 문을 여단을 때를 고려하여 앞에 실을 설치하고 혹 리프트에서 물품의 출납을 고려하여 앞의 실 및 냉동 · 냉장창고에는 고속 슬라이드 셔터를 설치한다.

4. 냉동 · 냉장창고의 문은 단열창호로

냉동 · 냉장창고의 문은 단열창호로 하더라도 벽과 단열창호 틀의 맞춤부분이 완전하게 절연되 않으면 히트브리지에 의해 결로가 발생, 창호주위의 바닥이 젖게 되어 동결하거나 결함이 발생한다.

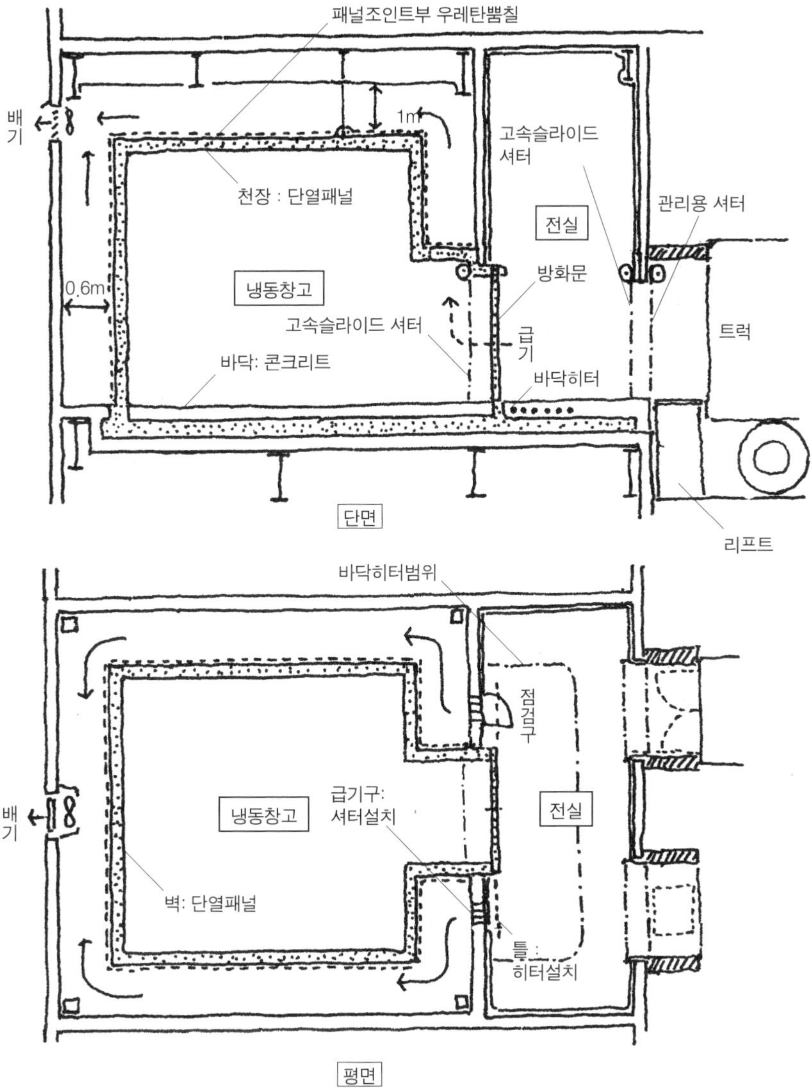

그림1 프리패브 냉동차의 방열 · 방습

045 정온창고 바닥이 결로한다.

창고에서 10℃, 습도 50%의 항온창고에서 앞에 실을 설치하지 않았기 때문에 여름철에 외기에 접하여 출입시 셔터를 열면 고온다습한 외기가 창고에 급속도로 유입되어 바닥표면이 결로했다.

1. 여름철에는 고온다습한 외기가 유입되어 결로한다.

정온창고는 창고 안이 온도 10℃ 이상의 일정한 온도에서 보관하는 창고를 가리킨다. 물품의 출입을 위해 냉동창고 셔터를 여는 순간 창고 내에 고온다습한 외기가 급속히 단번에 창고로 유입되어 냉기가 녹아 바닥이 순식간에 표면결로 한다. 정온창고의 출입구는 외기와 차단할 필요가 있다(그림 1).

2. 정온창고는 외기와 구획한다.

정온창고는 원칙으로 출입하기 위해 냉동창고 앞에 실을 설치한다. 물품의 출입시, 창고 문이 개방된 상태가 되지 않도록 하고, 창고 입구 앞에 반드시 전실을 설치하여, 출입시 전실과 전실과 창고의 입구는 관리용 셔터를 별도로 고속 슬라이드 셔터로 이중구획한다. 물품 출입의 작업시에는 고속 슬라이드 셔터만으로 운영함으로써 효율량을 높이면서 작업할 수 있다(그림 1).

3. 고온다습한 여름철에는 환기를 하면 결로를 유도한다.

정온창고 전실과 출입시의 물품출입구는 여름철의 고온다습한 외기의 유입을 막는다. 유입되더라도 체류하지 않도록 덕트 순환팬으로 강제 대류시켜 결로를 방지한다. 여름철에는 환기를 하면 반대로 고온다습한 외기가 정온창고에 들어가서 창고 바닥에서 결빙되거나 표면결로를 유도하게 된다. 외기를 차단하고 창고 내의 공기를 대류시키면 된다(그림 1).

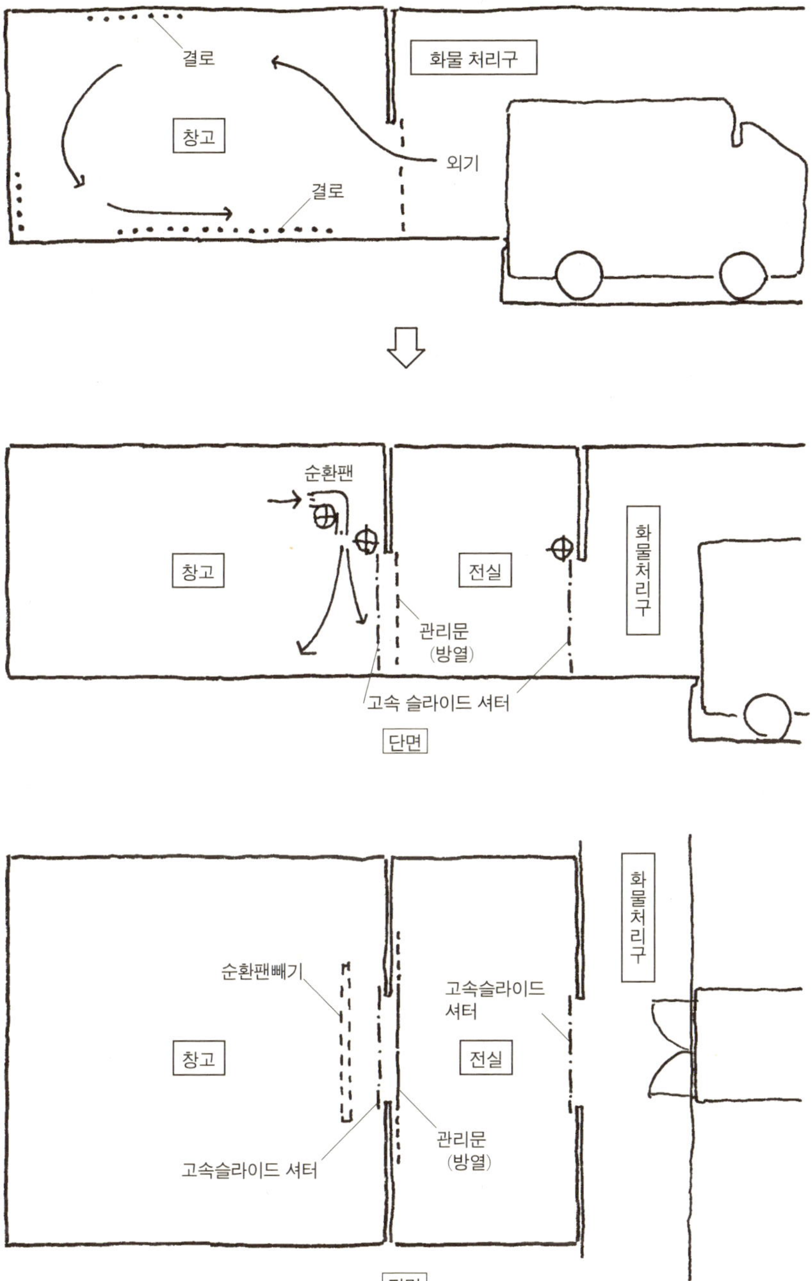
결로
화물 처리구
창고
외기
결로
순환팬
창고
전실
화물처리구
관리문
(방열)
고속 슬라이드 셔터
단면
순환팬빼기
화물처리구
고속슬라이드
셔터
창고
전실
관리문
(방열)
고속슬라이드 셔터
평면

그림1 정온창고

046 정전기에 의한 방전 쇼크

겨울철에 습도가 낮으면 카펫 바닥을 걸은 다음 바로 금속 손잡이를 잡는 순간 「따닥」하는 소리와 동시에 바늘로 찔린 듯한 예민한 통증이 올 수 있다.

1. 인체에 정전기가 대전할 때 정전기 방전쇼크가 일어난다.

카펫 바닥을 보행하면 카펫과 직물과의 마찰에 의해 정전기가 발생하여 인체에 대전이 일어난다. 그 상태에서 금속 손잡이와 스틸 가구를 접촉하는 순간 정전기가 대전으로 되어있던 전기가 한꺼번에 몸으로 방전되어 충격을 받을 수 있다.

카펫이 합성 섬유인 경우, 대전이 더 크고, 더 강한 충격을 받는다.

2. 정전기 발생 및 습도의 관계

정전기 쇼크는 실내온도는 별로 상관이 없고, 습도의 영향을 크게 받는다. 상대 습도가 35%로 줄어지면 정전기가 발생하기 쉽다고 말할 수 있다. 겨울철 정전기 쇼크가 일어나기 쉬운 것은 공기가 건조하고, 난방으로 인하여 더 건조하여 진행하는 것이라고 생각한다. 상대습도가 65%를 초과하면 정전기가 발생하지 않으며, 발생되더라도 자연방전된다. 실내습도를 50 ~ 60%로 가습하는 것이 정전기 방지에 좋다고 여겨지고 있다. 그러나 습도를 너무 올리면 불쾌지수가 높아지고, 결로 및 곰팡이의 원인이 된다. 빌딩관리법에 지정되어있는 습도 40% 이상을 확보하면 대부분 정전기 방지가 될 것으로 생각한다.

3. 정전기 방전 현상에 의한 장애

사람들이 가장 싫어하는 정전기 방전현상은 찌릿한 고통을 느끼는 전기충격과 전자기기에 손상 및 오작동을 발생될 수 있는 장애나 기타 화재나 폭발 등의 산업재해를 일으킬 수 있다.

정전기의 방전 현상에 의한 장애

[1] 인체에 대한 전기충격

정전기 방전 충격은 순간적 인명과 관련되지는 않지만, 그 충격으로 인하여 추락 등의 2차 재해가 발생될 다른 가능성이 있다.

[2] 전자기기의 손상 · 오동작

IC 등의 반도체 소자는 정전기 방전에 의해 손상되고, 컴퓨터의 오동작 등을 일으킬 수 있다. 의료기기의 오동작은 인명에 관계 되고, 생산라인에서 막대한 피해로 이어질 수 있다.

[3] 화재나 폭발

프로판 가스와 수소, 가솔린의 증기 등이 과팽창되어 가연성 의 순간이 초래되어 점화에너지를 초과하는 정전기 방전이 일어나면 이것이 발화원이되어 폭발이나 화재가 발생할 수 있다.

4. 정전기 방전 예방 대책

① 가연성 가스 및 인화성 액체(가솔린 등)의 증기나 분체로된 인화성 물질을 취급하는 공장에서 통풍 · 환기 · 먼지제거를 실시한다.

② 정전기 방지처리를 한 바닥재를 채택한다. 카펫의 표면에 계면활성제 등 대전 방지제를 도포한다. 대전 방지제를 도포한 플라스틱제 바닥타일도 있다.

③ 금속 손잡이는 전기재로부터 절연한다. 손잡이에 가죽을 씌우거나 수지제의 손잡이로 교환한다.

「한여름 가장 더울 때 최상층 거실의 냉방효과가 없다.」「한겨울에는 난방효과가 떨어져 언제나 춥다.」는 주장으로 클레임을 건다. 이와 마찬가지로 필로티 위층에 해당하는 거실에서도 겨울철에 방바닥이 차가워져 발이 시리다는 주장이 있다. 또한 난방은 효과가 있지만 비정상적으로 광열비가 든다 라는 주장도 있다.

1. 옥상 슬래브 및 지붕은 열부하가 비정상적으로 크다.

최상층은 외벽면뿐만 아니라 옥상 슬래브 및 지붕에서 열부하를 비상적으로 크게 받는다. 최상층에서 냉·난방의 효능의 효율이 떨어질 경우에는 냉·난방기기의 성능이 부족한 경우도 있지만, 외벽 및 옥상 슬래브 구체의 단열부족에 의해 열부하가 커지게 영향을 준다.

2. 외부 개방된 필로티 바로 윗층도 열부하가 크다.

외부에 개방된 필로티 위층에서 방바닥이 차가워지는 가장 큰 원인은 바닥슬래브의 단열부족이다. 바닥슬래브를 외부단열하여 필로티 천장을 깔고 공기층을 설치하면 좋다.

3. 에너지 절약 대응

단열부족으로 열부하가 커지기 때문에 에너지소비가 커지는 것이 문제이다. 지구환경에 대한 배려를 감안하면 외벽과 지붕의 단열성능을 대폭 향상하여 공조기 등의 소비에너지를 작게 하는 것이 기본이다. 건축물 에너지절약법의 시행에 따라 일정한 기준값을 반드시 충족시켜야 한다. 근래의 확실한 단열의 실시와 그에 걸맞는 기기선정을 실행하도록 한다.

「건축물 에너지 절약법」은 「건축물의 에너지소비 성능향상에 관한 법률」의 약어로, 건축주는 특정 건축물(2000m^2 이상의 비주택 건물) 신축하는 경우는 에너지 절약 기준 적합성 판정을 받아 「건축물 에너지절약법」에 근거 건물 의무적으로 준수해야 하는 특정 건축물을 제외한 300m^2 이상의 건물은 신고의 대상이 된다. 또한 증개축인 경우에도 특정 건축물은 300m^2 이상의 공사는 규제대상이 되고, 증개축 부분의 면적의 비율이 1/2을 초과 적합성 판정 및 준수 의무가 요구된다.

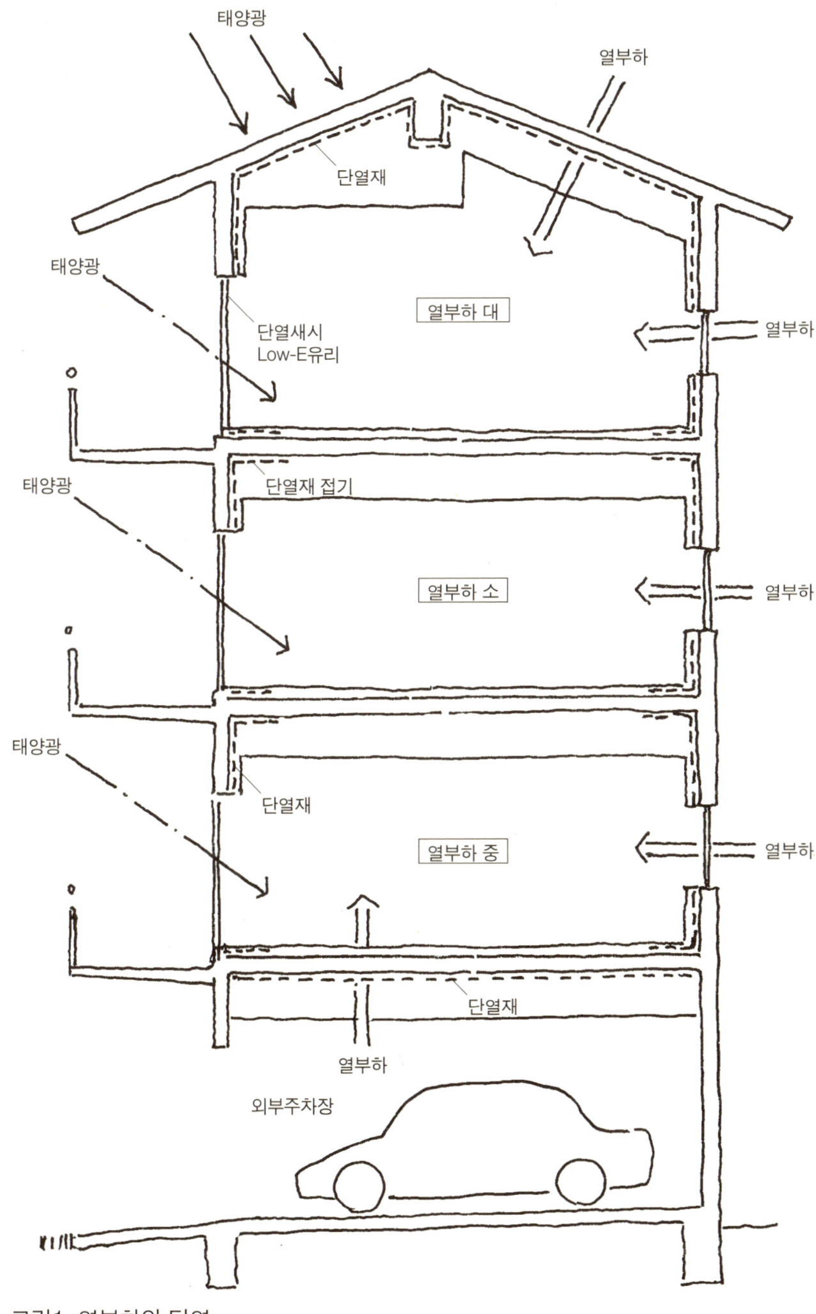
태양광
열부하
단열재
태양광
단열새시
Low-E유리
열부하 대
열부하
태양광
단열재 접기
열부하 소
열부하
태양광
단열재
열부하 중
열부하
단열재
열부하
외부주차장

그림1 열부하와 단열

048 지하 외벽은 결로한다

지하 외벽에 접하여 설치된 전기실의 기둥틀이나 보틀에 나타난 마무리 부분이 결로했다. 또한 균열이나 인입 케이블 관통구 주위에서 지하의 물이 침입되었다.

1. 전기실은 지하 외벽에 접해 설치하지 않는다.

땅 속의 온도는 계절이나 깊이에 따라 다르지만, 땅 속에 접한 전기실의 기둥틀이나 보틀의 나타난 마무리 부분은 항상 차가운 상태이다. 수변전 설비의 전력손실이 열에 변화되어, 실내온도가 상승하면 땅 속에 접한 기둥틀이나 보틀의 나타난 마무리 부분이 차가워져 표면결로가 발생한다. 외벽의 기둥틀이나 보틀 부분도 이중벽으로 둘러싸여 있어야 한다. 또한 변전 설비의 기기류는 외벽면을 따라 1m 정도의 공간을 설치하는 것이 좋다. 이것은 보수점검용 통로로도된다(그림 1).

2. 지하 외벽에서의 용수처리

지하외벽, 기둥틀이나 보틀이 이중벽으로 둘러싸여 있지 않은 경우는 균열이나 인입케이블 관통구 주변의 지하 물이 침입한다. 전기실은 반드시 이중벽으로 둘러싸야 한다.

3. 전기실의 바닥은 수조를 설치하지 않는다.

전기실의 바닥에 축열조(냉 수조)가 있는 경우, 전기실 바닥 슬래브에 단열이 되어 있어도 바닥 표면결로가 발생할 수 있다. 또한 바닥에 온수층이 있는 경우, 전기실 안이 고온이 된다. 원칙적으로 전기실의 바닥에는 축열조 및 배수 탱크 등의 수조를 설치하지 않는다(그림 1).

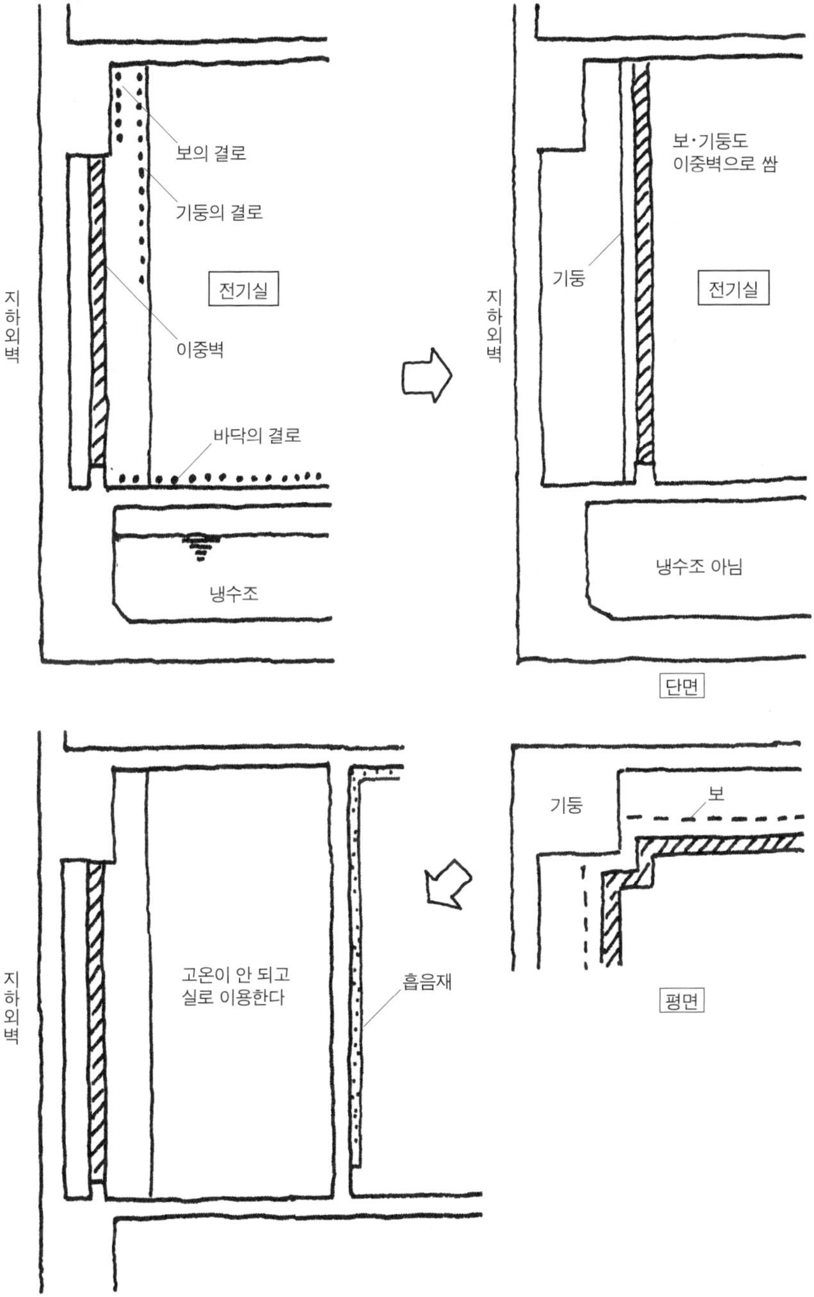

그림1 지하외벽의 결로를 막는 방법

049 천장 냉방 취출구는 결로한다

여름철에 엔트런스 로비에 설치된 천장 취출구 테두리가 결로하여 로비 바닥을 적실 수 있다. 비슷한 예로 백화점 지하 식품매장에서 VHS(벽이 있는 범용형 취출구)에 응축된 물방울이 매장에 떨어지는 경우가 많다.

1. 습한 외부공기가 유입되면 결로 한다.

습도가 높은 방에서 냉방하는 경우, 취출구 습도가 노점온도 이하가 되면 취출구에 결로가 발생한다. 오피스 빌딩인 경우, 여름철에는 방문자가 엔트런스 로비 출입할 때마다 습하고 뜨거운 외기가 침입한다. 그 외기에 의해 차가운 공기와 만나 취출구 테두리부분에서 결로 한다.

백화점 지하 식품매장의 VHS인 경우는 직접 외기의 침입은 아니지만, 많은 손님들에 의한 발생 잠열 때문에 위해 취출구 테두리 부분에 결로가 발생한다. 벽의 높은 위치에서 취출인 경우, 취출구의 프레임에 염화비닐 등의 결로받이를 설치하여, 걸레 등으로 닦아내는 방법도 있다(그림 1).

2. 냉방 배출구의 결로대책

송풍온도를 많이 내리지 않고 풍량을 증가시기거나 공조기 등으로 감습처리를 하고 습기를 제거한다. 또한 실내에 진입하는 습하고 뜨거운 공기나 실내에서 발생하는 습기가 확산되지 않게 적절한 장소에서 회수하고 제거하여 기류분포가 되도록 공조계획을 한다.

또는 취출구의 테두리 재질을 금속 이외의 재질인 것으로 변경하거나 단열방지 도료를 도장하는 방법도 있지만, 완전한 예방은 기대할 수 없다. 공조기기 제조업체에 따라서 테두리를 전기히터로 가열하여 대응하는 것과 단열 취출구를 판매되고 있다(그림 2).

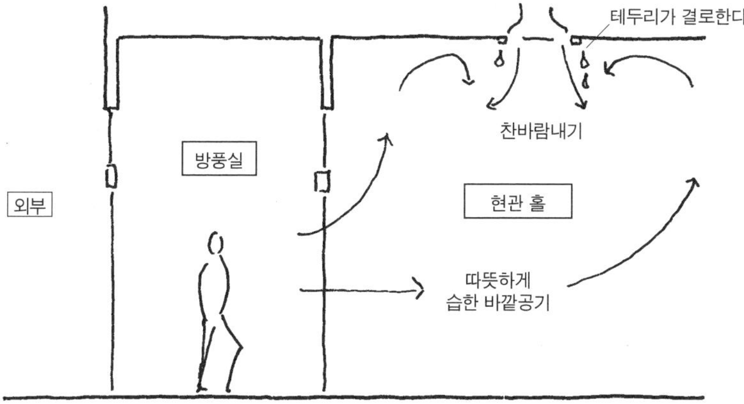

그림1 냉방 취출구의 결로

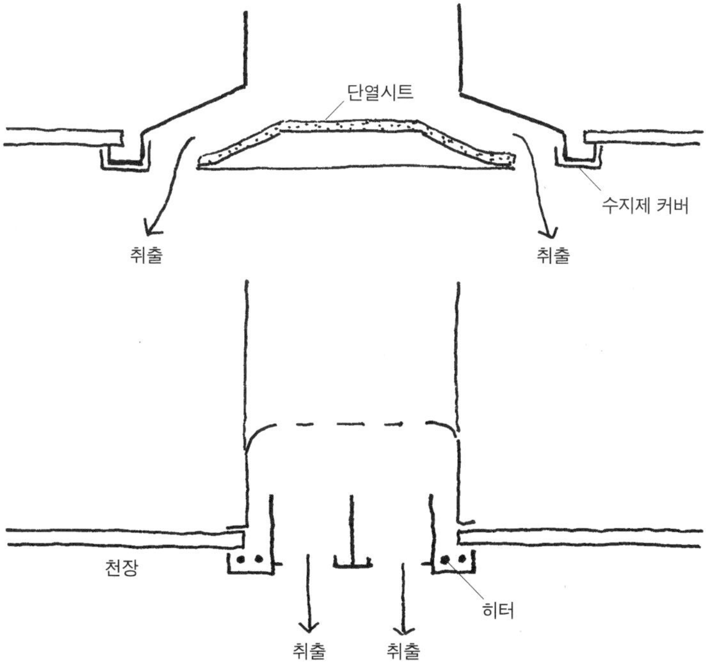

그림2 취출구의 결로방지

050 천장형 공조기에서 누수

사무실에 설치한 천장형 공조기(노출형, 은폐형)의 드레인 팬에서 누수한다면 테이블의 컴퓨터나 전자 사무기기가 젖어 장애가 발생한다.

1. 공조기는 별실에 설치하는 것이 최고

사무실의 유효율을 생각하여 천장형을 채용하는 경우가 많지만, PC나 전자 기기를 많이 설치한 사무실은 천장 안에 물배관을 통하지 않는 것이 원칙다. 위기관리의 관점에서 공조기는 사무실에 인접하여 공조실을 설치하거나 플로어 타입 공조 장치를 채용하는 것이 좋다. 그 경우, 아래층으로의 누수를 고려하여 공조기의 주위에 지수제를 도포하여 도막방수를한다.

2. 천장형 공조기에 노출형은 누수에 주의

천장형 공조기가 천장에 은폐유형인 경우, 드레인 배관인 냉 · 온수 배관에서 누수가 있더라도 천장 안에서 공조기 및 드레인 배관이나 냉 · 온수 배관 밑에 드레인 팬을 설치하여 누수를 받을 수 있어야 한다. 천장면에서 공조기가 노출유형인 경우는 드레인 업 메카를 탑재하는 공조기에서도 펌프가 고장이 나게 되면 누수를 방지할 수 없다. 채용하는 경우는 건축에게 충분히 설명하고 양해를 구하는 것이 중요하다.

3. 드레인 팬은 정기적으로 점검

천장형 공조기는 드레인 팬의 배수구 부분에 먼지가 끼어서 배수관이 막혀서 누수한다. 배수구를 쉽게 점검할 수 있는 위치에 천장 점검구를 설치하여 정기점검시 에 반드시 청소를한다. 드레인 팬 누수감지센서를 설치하여 중앙감시실에서 경보가 울리도록 하는 자동감지시스템을 도입하면 안심이다.

4. 드레인 업 기능 내장 공조기에서 드레인 팬은 포장

드레인 업 기능 내장 공조기에서도 드레인 팬에서 자연물매로 응축수가 배수되는 드레인 업 메카를 탑재하지 않는 기종과도 동일하다. 드레인 팬의 배수팬의 구멍이 막히거나 펌프가 고장나면 드레인으로 넘치게 하여 누수시킨다.

드레인 업 메카는 층고와 천장 높이 관계에서 응축수를 자연물매로 배수할 수 없을 경우에 자연물매의 고저차 약 600mm 정도 완화할 뿐이다.

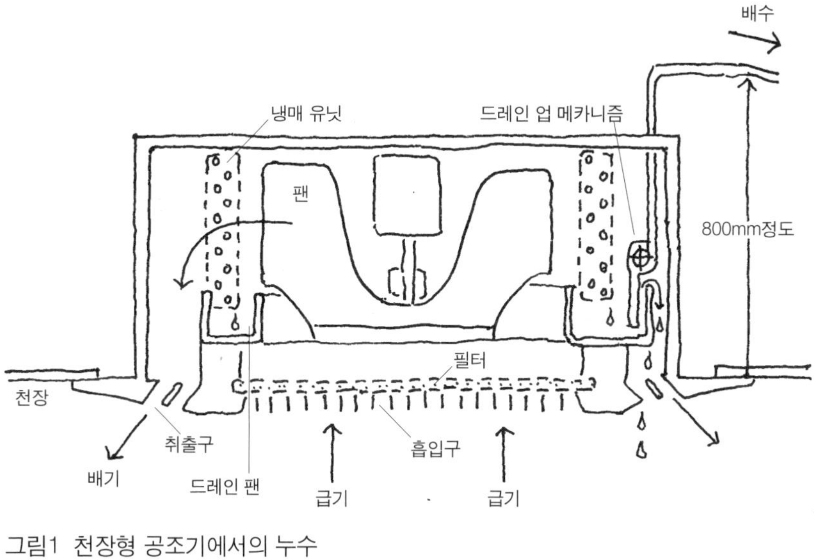

그림1 천장형 공조기에서의 누수

051 천장 안의 공간은 공조의 성능을 좌우한다

준공검사시 시운전에서 사무실의 냉방효과가 좋지 않아 조사한 결과, 돌풍량이 설계값의 1/2만 공급되고 환기도 부족했다. 층고는 4200mm, 사무실의 천장높이가 2800mm이고 외주부의 철골보 밑 유효공간이 200mm로 적고, 공조패키지에서 페리미터 존(perimeter zone)의 공기조화 덕트단면을 편평하게 무리한 아무림 시공이 되어 돌풍량이 설계값의 45%밖에 안 된다.

1. 공조 덕트의 어스 팩트비는 4 : 1 이상으로 한다.

천장 안의 공간에서는 덕트 및 배관류가 통과되어 있고, 보밑 유효공간은 덕트단면이나 배관경사에 큰 영향을 준다. 기준층의 페리미터 영역에 접한 건물 외주부의 철골보는 중앙부 보보다 커지기 때문에, 보밑 유효치수가 적어지게 된다. 페리미터 존 공기조화 분출구를 2개소에 분산되어 시공하는 것이 바람직하다. 덕트의 단면은 동일한 단면에서도 어스 팩트비율에 따라 성능이 다운될 수 있다. 천장안에 설치하는 공조패키지의 형태와 부착치수 파악과 드레인 배관의 기울기도 중요하다.

2. 공조 패키지 에어컨(PAC)의 배치계획

천장에 공간이 부족하면 사무실 코어 때의 부분을 내려 천장에서 천장에 공간을 보호하는 방법도 있다(그림 1).

3. 건축 비용과 설비 성능은 밀접하게 관련

건축비용 절감수단으로서 층고를 낮추고 건축비용을 낮게 하는 방법을 채택하는 경우가 많다. 건축비용은 내려가더라도 설비비용이 반대로 올라갈 수 있다. 건축비용은 설비성능 · 등급과 밀접한 관계가 있고, 건물을 전체적으로 파악하여 사양을 설정을 하는 것이 중요하다.(→001 설비의 사양 · 등급설정)

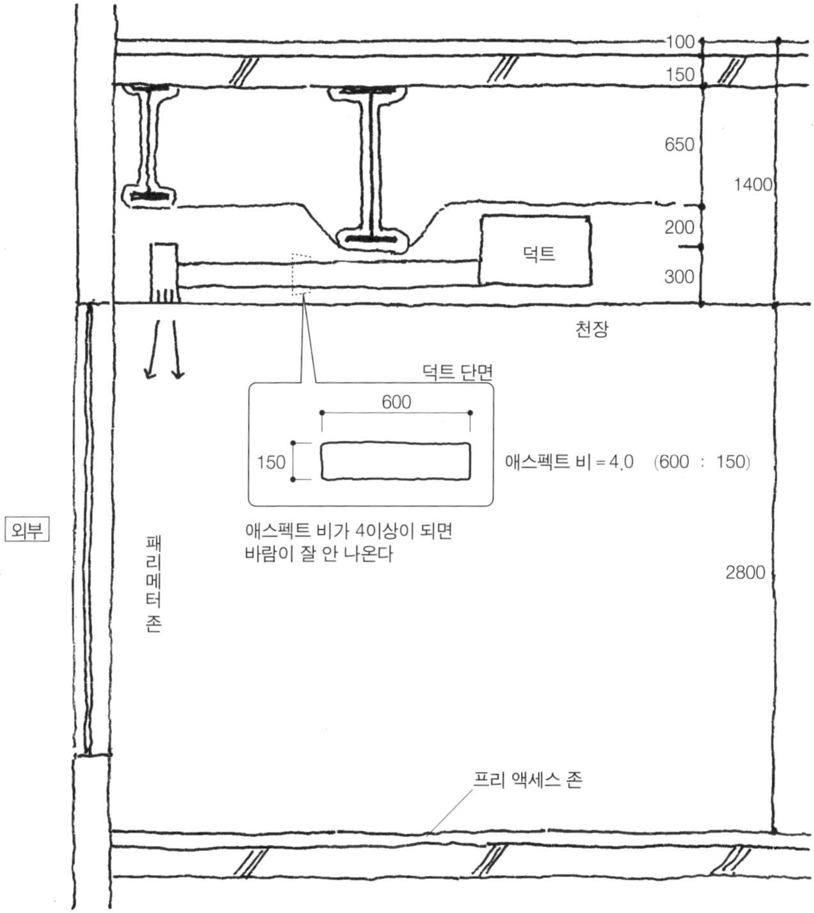

그림1 오피스 빌딩의 공조 덕트

뚫린 공간에 접한 사무실의 집무공간은 겨울철에는 집무공간(주거공간)의 닿는 부분은 차갑고, 반대로 여름철에는 집무공간이 무더운 상태가 된다. 뚫린 공간에서의 공조기의 취출구나 흡입구(레탄)를 설치하는 위치에 따라 냉 · 난방의 성능이 달라진다.

1. 높은 천장 안의 집무공간의 냉방은 천장면에서 실시

여름철에는 집무공간에 설치된 PC 등의 방열 및 건물에 축열된 열이 방출되되어 천장면이 뜨거운 공기가 머물러 냉방효과가 떨어진다. 높은 천장 안의 집무공간에서의 냉방은 천장면 등 상부에서 분사하고, 흡입구는 바닥면에 가깝게 설치하는 것이 원칙이다.

2. 높은 천장 안의 집무공간의 난방은 바닥에서 실시

겨울철 분출공간에 접한 집무공간에서는 무더운 공기는 상승하고 닿는 바닥은 차가운 상황이다. 특히 천장높이가 5m를 초과한 공간에서는 난방공기가 바닥까지 내려가기 어렵기 때문에 온기를 서큘레이터 등으로 아래로 분사하여 하강시키거나 복사공조기를 병용하여 분사시키고, 흡입구를 바닥근처에 설치한다. 높은 천장 집무공간의 난방은 바닥 근처에서 분사하고 흡입구는 거주공간 이상의 높이에 설치하는 것이 원칙이다.(→053 종합 유리 개구부에서는 냉기가 하강한다)

3. 홀 무대의 사례

콜드 · 드래프트의 사례로 「홀의 무대 위는 겨울철에는 엄청 춥다.」 또한 「단상이 흔들린다.」고 불평불만이 나온다. 외벽에 접한 무대 뒷면의 큰 벽면은 단열재로 단열처리해도 콜드 드래프트(cold draft)가 생긴다. 대처법으로는 이중벽을 설치하여 공기층을 마련하거나 무대의 뒷면 벽의 닿는 바닥에 콜드 드래프트 방지용 히터를 둔다. 천장높이가 높은 경우에는 라디에이터를 벽면의 중간에 설치하여 아래에서 위로 향하게 하여 따뜻한 기류를 분사하여 내며 콜드 드래프트를 방지한다.

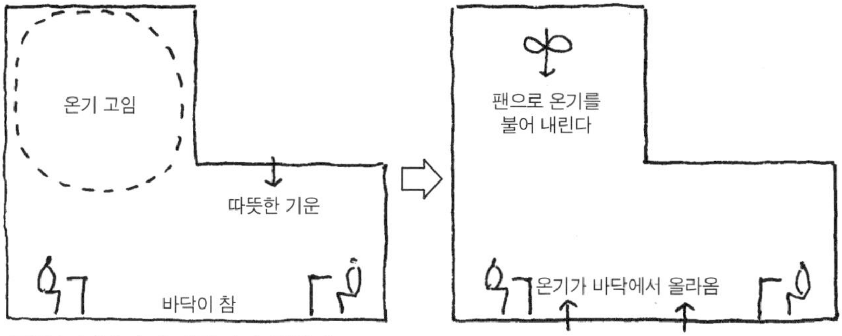

그림1 난방이 효과적이지 못하다

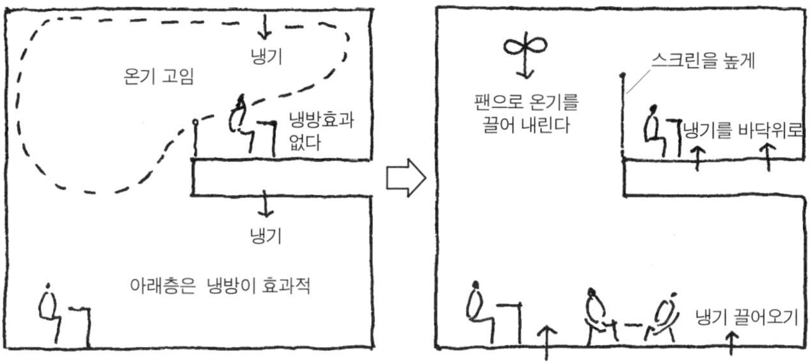

그림2 냉방이 효과적이지 못하다

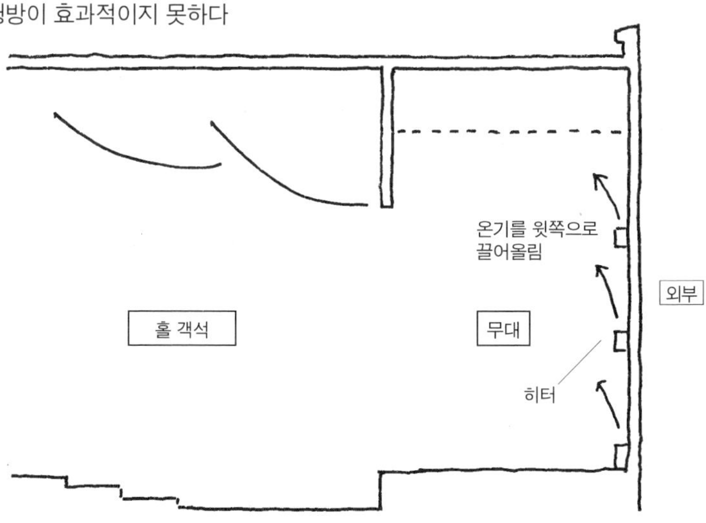

그림3 홀의 콜드 드레프트 대책 예

높은 천장(약 5m)의 호텔 로비는 모든 유리스크린에서 정원을 접할 수 있게 북쪽에 설치되어 있다. 「겨울철에는 천장면에서 유리스크린에 의해 냉기가 하강하여 춥다」는 불평불만이 나온다.

1. 높은 천장 안의 모든 유리스크린은 콜드 드래프트에 주의

천장이 높은 호텔 로비에서 외기에 접한 모든 유리스크린 등은 겨울철에는 유리면이 외기로 차가워져 온도가 낮아 냉각효과가 발생된다. 실내공기가 냉각되면 공기의 비중이 커지고 유리스크린을 따라 하강하게 한다. 이 콜드 드래프트라는 현상이 추위의 원인이다.

콜드 드래프트 현상은 벽면의 열관류율이 커지거나 외기와 실내의 온도차가 커지면 실내공기가 극렬하게 냉각되어지거나 벽면이 크고 높을 수록 현저하게 나타난다.

2. 콜드 드래프트의 대처법

대처법으로는 유리스크린 표면의 열관류율을 작게 하는 것이 가장 좋다. 그 다음은 유리스크린에 닿는 바닥에 콜드 드래프트 방지용 히터와 팬 코일 유닛을 설치설치하여 온풍을 뿜어 올리도록 한다. 큰 벽면의 유리스크린은 Low-e 유리 및 복층 유리를 채용하여 열관류율을 낮출 것을 검토한다.

3. 페리미터 존 더블 스킨으로 구성

페리미터 존이 큰 모든 유리스크린으로 구성하는 경우는 더블 스킨으로 하여 공기층을 마련하면 좋다. 겨울철에는 바닥에서부터 난방된 따뜻한 공기는 상승하여 천장면에서 체류한다. 그 온기를 더블 스킨 상단에 설치하여 분사 하강한다. 여름철에는 반대로 천장면에서 냉기가 분사되어 하강하도록 하고, 바닥면에 하강한 냉기를 더블 스킨 하단에서 설치하여 분사되도록 한다. 이와 같이 공기를 순환하는 것으로써 높은 천장 안의 모든 유리의 공간에서 절약하고 쾌적한 공간이 될 수 있도록 한다.

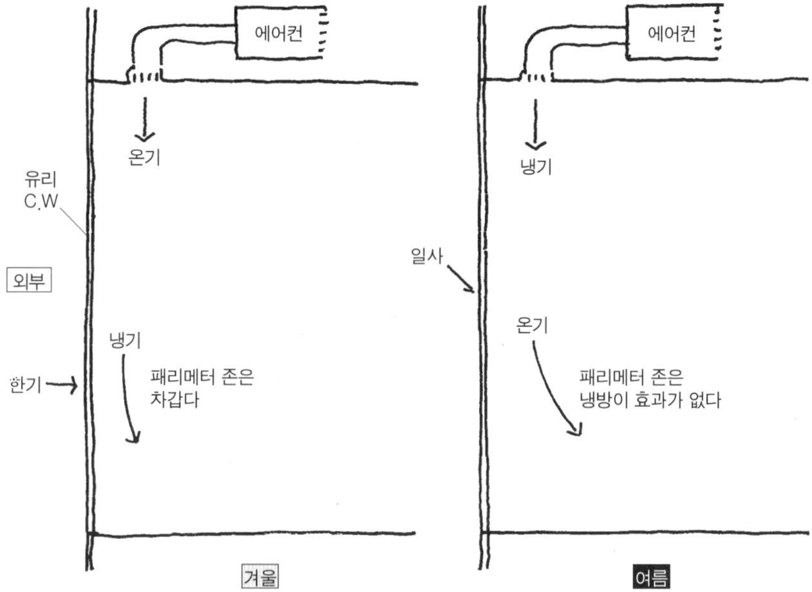

그림1 페리미터존이 싱글 스킨인 경우

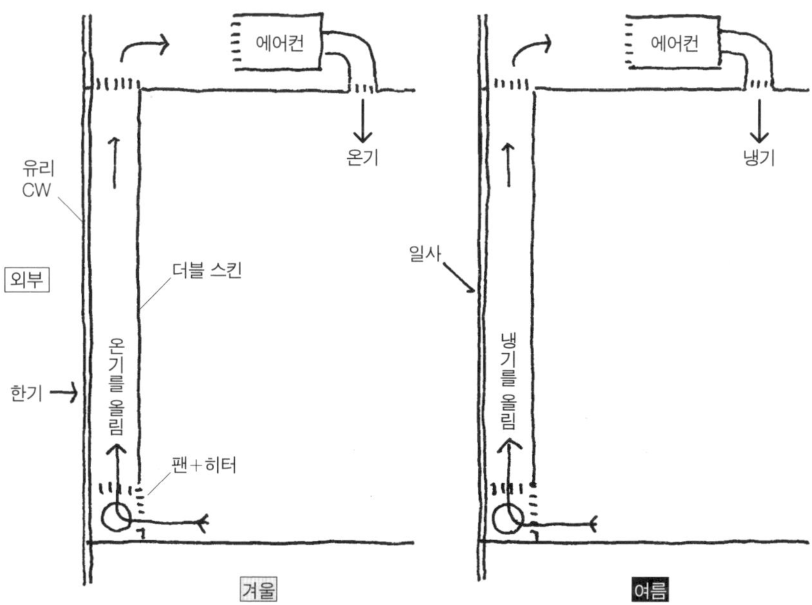

그림2 페리미터존이 더블 스킨인 경우

설비전반
전기설비
공조설비
급배수설비
가스설비
방재설비
승강기설비

054 천장 챔버 배연은 보 밑 공간이 필요

시스템 천장을 채용한 사무실 공간을 천장 챔버 배연으로 계획했지만 시스템 천장 기초와 보 밑 유효치수가 100mm 정도 밖에 없다. 천장 면에서 균등하게 배연이 이뤄지지 않았다.

1. 천장 챔버 배연은 보 밑에서 배연 유효면적을 확보한다

시스템 천장 사무실에서 넓이를 500m² 마다 배연구획으로 구획하고, 천장 슬릿을 통해 천장챔버 배연을 실시할 경우에는 배연구획 내의 보 밑 필요 배연 풍량이 유효하게 흐르도록 배연 유효면적(보밑 유효치수)을 적절하게 확보해야 한다. 배연 유효면적(보밑 유효치수)가 적은 경우는 필요 배연 풍량이 배출되지 않고 천장 챔버가 유효한 기능을 작동하지 못한다.

2. 천장 챔버 배연은 보 밑 유효치수를 확보한다

천장 챔버의 배연은 시스템 천장 슬릿을 통해 천장 내로 연기를 유도하여 배연 구획마다 천장 안에 설치한 배연구에서 연기를 배출하는 방식이다. 천장 챔버 배연으로 하는 경우는 연기를 배연구까지 연기를 유도하기 위한 풍속은 배연 유효면적(보밑 유효치수)가 가장 작은 부분에서 1m/초에서 최대 2m/초 정도의 풍도로 제어하도록 배연 유효면적(보 밑 유효치수)을 확보하는 것이 바람직하다. 풍속 2m/초는 배연기가 운전되어 천장에 부압이 되더라도 시스템천장 천장재 · 암면흡음판(t=15)베타가 되지 않을 정도의 풍속에 해당한다. 천장 챔버 안의 보로 구획된 구획 간의 압력 차가 적어 보밑을 흐르는 풍속이 작더라도 천장 챔버가 일체공간으로하여 유효기능이 되도록 한다. 보 관통부분의 배연 유효면적과 보 밑 배연 유효면적을 합산하여 배연 유효면적을 확보할 수 있다.

3. 천장 챔버 배연 보 밑 유효치수 산정 사례

1스팬 7.2m 2×13.8m로 5 스팬의 공간을 천장챔버 배연 방식으로 할 경우 풍속 2m/초로 계산하면 4 스팬분의 배연 풍량을 보 아래 공간에서 통과시키기 위해서는 260mm 이상의 보 밑 유효치수가 필요하다(오른쪽 계산사례 참조).

보 아래 유효치수의 검증은 「신 · 배연설비 기술 지침(1987년판)」(일본건축센터, 건설성 주택국 건축 지도과 감수)에 기준하여 계산하면 된다.

계산사례

배연풍량(4 스팬분) = 7.2× 13.8×4 = 397.44 m^3/분

풍속 2m/초로 13.8m의 보 아래를 통과시키기 위해서는

397.44 m^3/분 ÷ 60초 = 6.624 m^3/초

보 밑 유효치수 = 6.624 m^3초 ÷ 2m/초 ÷(13.8m−1.0m)

= 0.259=259 ⇒ 260mm

(※.1.0m는 스팬 내의 기둥 치수)

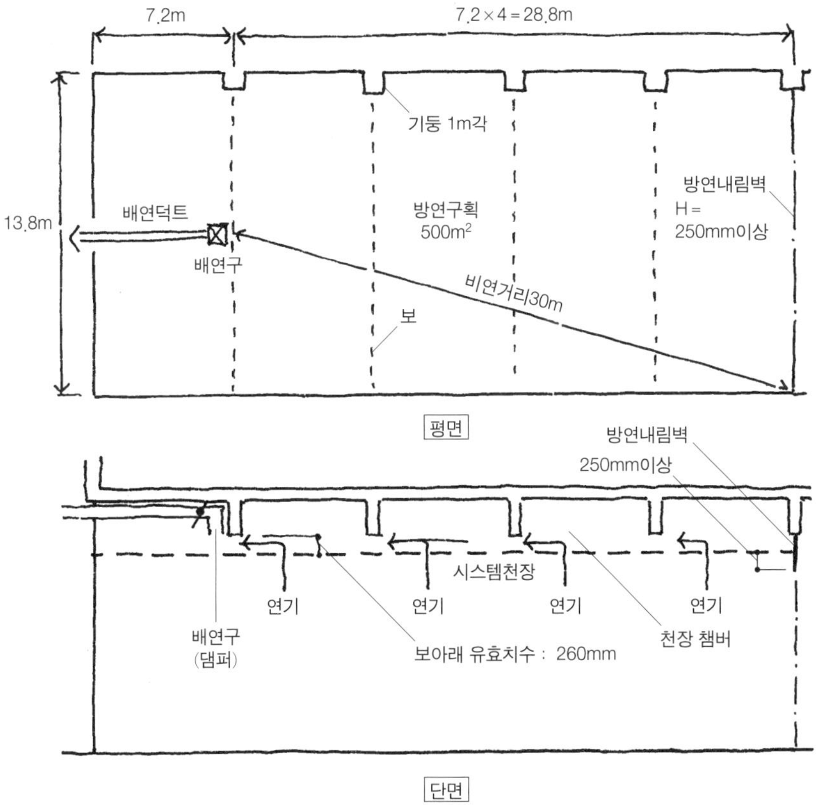

그림1 천장 챔버 배연의 보 밑 유효치수 (예)

055 전산실 바닥 슬래브 뒷면은 결로한다

전산실 아래층의 슬래브면은 표면결로가 발생하여 아래층의 천장에 오염이 생기거나 경우에 따라서는 누수할 수 있다. 전산실 위층에서도 바닥이 결로할 수 있다.

전산실은 24시간 365일 냉방되어, 냉장고와 같은 상태이다. 전산실의 벽이나 바닥 슬래브는 결로온도 이하로 차가워져 표면결로 한다. 전산실이 모든 프리엑세스 플로어 바닥 분출공조로 되면 아래층의 슬래브 속면은 더욱 더 냉방온도에 가깝게 냉방되어 표면결로가 되기 쉽다.

결로대책은 바닥 속면의 표면온도를 결로점 온도 이상으로 유지되기 위해 전산 인접실과 구획 벽이나 상, 하층의 슬래브를 제대로 단열하는 것이다.

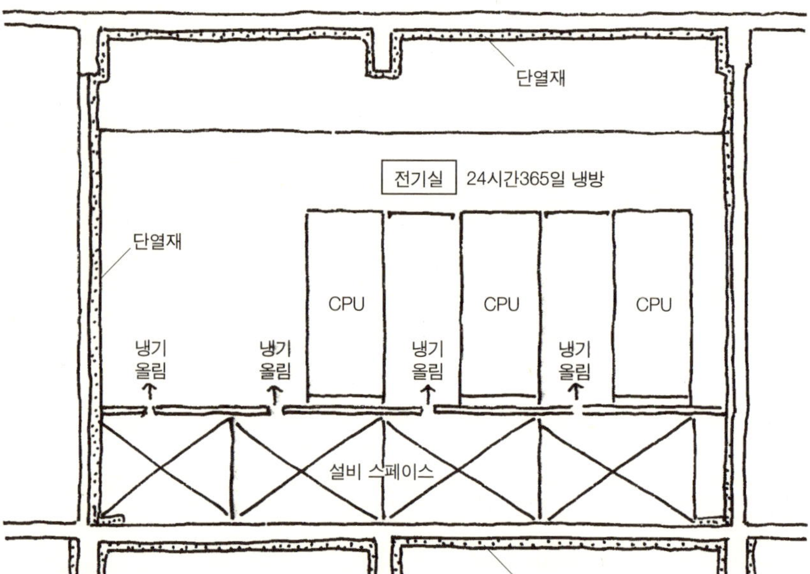

그림1 전산실 · 이웃실의 결로방지

병원 정면 입구에서 자동문이 열려있는 시간이 길고, 겨울철에는 차가운 바깥 공기가 접수대 및 대기실 홀에 유입되어 환자들이 춥다고 난리다.

정면 입구에서 자동문이 열릴 때의 개구면적이 크고, 외기의 침입량이 많다. 특히 겨울철에는 건물 안과 밖의 온도차나 외기와의 압력차로 드래프트가 발생하여 차가운 외부공기가 유입된다. 방제실 면적도 좁고 인구와 로비쪽 자동문이 동시에 열리는 시간도 길어져 외기가 유입되기 쉬운 상황이다. 대책은 방제실을 최대한 넓게 하여 외기가 통하기 어려운 출입구를 배치한다. 또한 출입구에 에어커튼의 분출을 설치하거나 방풍 스크린을 설치하는 것도 검토해 본다.

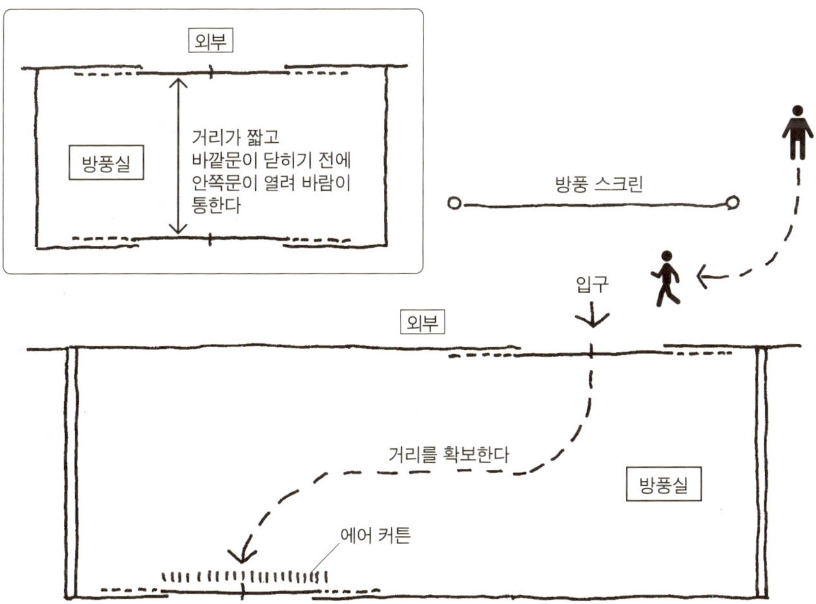

그림1 외기가 통하기 어려운 풍제실

057 에어 밸런스가 문의 개폐에 영향을 줌

오피스 빌딩 응접실의 문이 무거워서 개폐하기 어렵다. 도어 클로저가 설치되어 있지만 문닫기 어렵다. 유사한 사례로 타워형 아파트(집합주택) 실내형 공용부 복도에 접한 연립주택 현관문이 무거워서 열기 어렵다. 또한 급격하게 닫아져서 위험하다는 불만이 많다. 어떻게라도 도어 클로저의 조정했지만 고쳐지지 않는다.

1. 에어컨의 에어 밸런스의 부적응에 대한 문 개폐현상

여기서의 현상은 모든 공조설비의 에어 밸런스가 조화되지 않은 경우에 발생한다. 문에 필요한 개구면적의 도어 루버와 언더컷을 설치함으로써 해소할 수 있다.

2. 방화성능과 차음 성능이 요구되는 문에 주의

방화성능과 차음성능이 요구되는 문인 경우는 건축기준법에 적합한 방화 완충 루버나 천장 챔버 등을 설치하여야 한다. 차음성능을 요구하는 문인 경우, 흡음덕트와 소음 챔버를 검토한다.

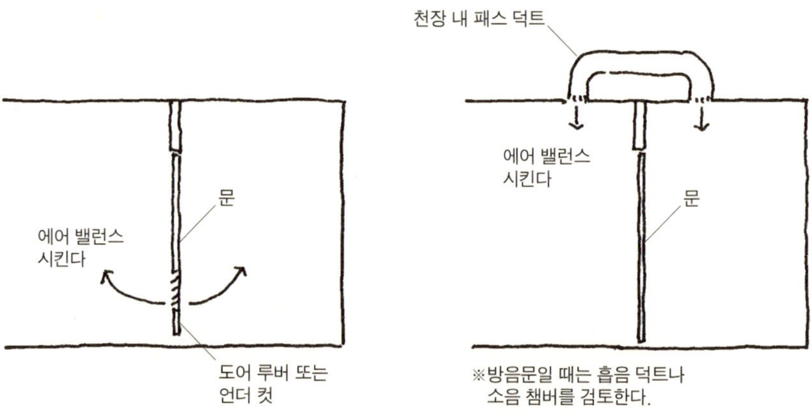

그림1 에어 밸런스

058 배기구와 급기구는 세트로 설치한다

주방과 화장실의 환기구가 있는데, 생각만큼 배출되지 않는 경우가 있다. 주택은 차음성능이나 단열성이 고려되어 기밀성이 높은 것도 있지만, 대부분의 경우, 급기구가 없거나 급기구 있어도 춥기 때문에 막아놓은 상태로 된 경우가 있기도 하다.

배기구를 설치하는 경우에는 반드시 급기구를 설치하여야 한다. 급기구 필터를 장착하여 안밖의 기압에서 자동 개폐하는 것이 바람직하다. 방충필터는 청소하기 쉬운 것을 권한다. 장시간 급・배기하는 것, 급・배기량이 많은 것은 에너지 절약 장치를 장착한 공기환기팬을 권한다.

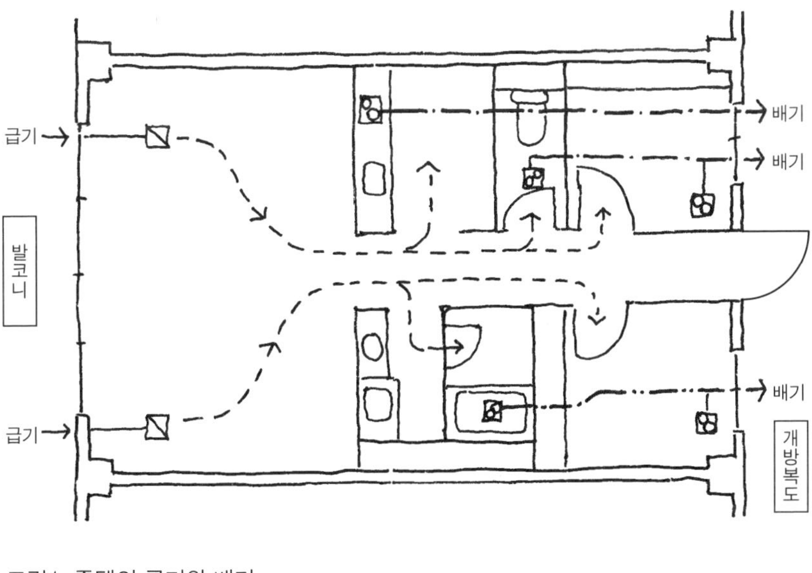

그림1 주택의 급기와 배기

059 급배기 루버는 바람이 나오면 소리도 난다

인근에서 「옥상 기계실에서의 소음이 시끄럽다" 고 불만이 나왔다. 비슷한 소음 불만으로 주택가에서 인접지 경계선에 즈음하여 설치한 공조용 실외기 소리가 시끄럽다는 불만이 있다.

1. 급배기 루버는 바람 가르는 소리가 소음의 원인

변전 설비, 냉동기, 펌프, 송풍기가 주요 설비기기의 소음원인이지만, 그 중에서도 가장 큰 소음이 송풍기이다. 송풍기에서 덕트로 연결된 급 · 배기 루버의 바람 가르는 소리는 기기의 시운전을 해보면 예상보다 큰 소음이 될 수 있다. 루버를 설치하는 위치에 있어서는 인근의 상황을 사전에 철저히 조사하여 소음문제를 일으키지 않는 위치에 설치한다.

루버의 바람 가르는 소리의 원인

① 송풍기와 루버의 거리가 짧아 팬 본체의 소리가 그대로 외부로 나간다.
② 루버 챔버의 철판이 진동하여 소음이 발생한다.
③ 루버 유효면적 부족으로 급배기 풍속이 빨라진다.
④ 루버 날개가 얇아 진동한다.

2. 루버에서 나오는 소음 대책

① 루버에 연결된 덕트 안에 에 흡음재를 부착한다.
② 루버 챔버의 진동방지와 차음재로 납판을 부착한다.
③ 급배기량에 맞는 루버 면적을 확보한다.
④ 루버 날개의 두께를 두껍게루버하고 강성을 갖게한다.

3. 소음 규제는 도시계획구역의 거의 전역에서 규제를 받는다.

외부 소음 규제 기준은 지자체마다 소음진동 규제 조례로 기준치가 정해져 있으며, 도시계획구역의 거의 전역에서 규제를 받는다. 지정지역 내에 정격출력이

7.5kw 이상의 압축기 및 송풍기를 설치하는 사람은 대지경계선에서 정한 규제기준을 지켜야 한다. 정격출력이 7.5kw 이상의 압축기 및 송풍기는 공조용 실외기도 해당 집합주택과 단독주택도 규제를 받는다.(→041 공조 실외기는 소음대책을)

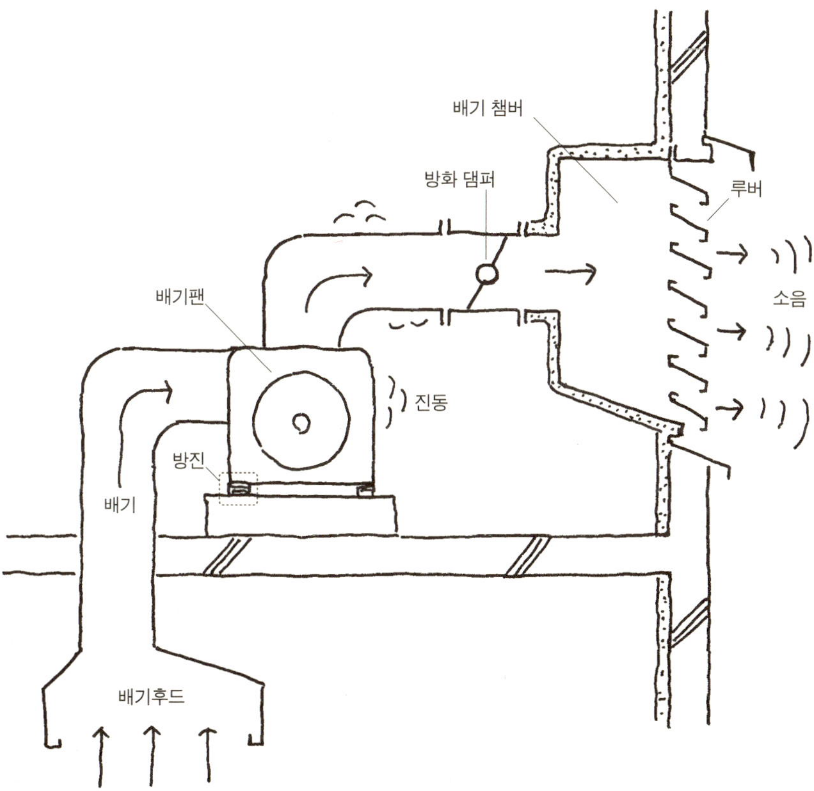

그림1 배기팬과 루버

060 배기 루버 부착위치는 풍향에 주의

겨울철에 바람이 강해지는 시기가 되면, 주방배기 후드의 공기유입이 저하되어 환기가 충분하지 못할 수 있다. 주방배기의 배기루버 부착위치 및 풍향의 관계로 배기능력이 저하된다.

1. 송풍기 사양은 외부압력이 없을 때의 성능으로 표시

송풍기 사양은 외부 압력이 없을 때의 체크한 기능상태가 일반적이다. 강풍시의 외부 압력에 의해 팬의 풍속이 작아지거나 강풍이 몰아친 경우에는 팬이 공전이 지나쳐서 역류현상을 일으키는 경우가 있다.

2. 외벽쪽으로 부는 바람은 풍압대를 발생

외벽쪽으로 부는 장풍은 건물에 맞고 속도를 잃거나 그 속도 에너지는 압력으로 전환되어 풍압대 생긴다. 주방 등의 배기풍압대를 피하기 위해 3면 루버나 2면 루버설치가 유효하다.

3. 루버부착 위치는 풍향에 주의

건물이 서있는 지역의 풍향을 고려하여 루버부착위치와 팬의 능력을 설정한다. 예컨대, 서쪽에서 바람이 강하게 부는 곳에서는 외벽면의 서쪽면을 피해 루버를 설치하는 것이 바람직하다. 계획상 부득이하게 풍향면의 외벽에 설치하는 경우는 직접 바람이 닿지 않도록 배기 루버에 차음판을 설치하고, 배기팬의 토출 압력을 올린다. 차음판은 배기팬의 능력(정압)을 업하지 않아도 비용이 더 들지 않는다.

4. 루버가 기능을 발휘하면 문제가 발생

루버로 인한 문제

① 루버 날개가 진동하고 소음이 난다.
② 날개의 진동에 의해 공진이 발생한다.
③ 강풍시 빗물이 침입한다.

(→063 외벽 루버에서 빗물 침입방지책)

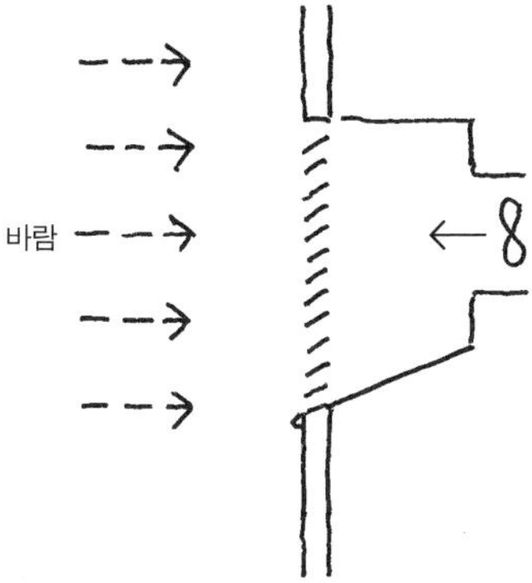

그림1 강풍시는 배기저항이 커진다

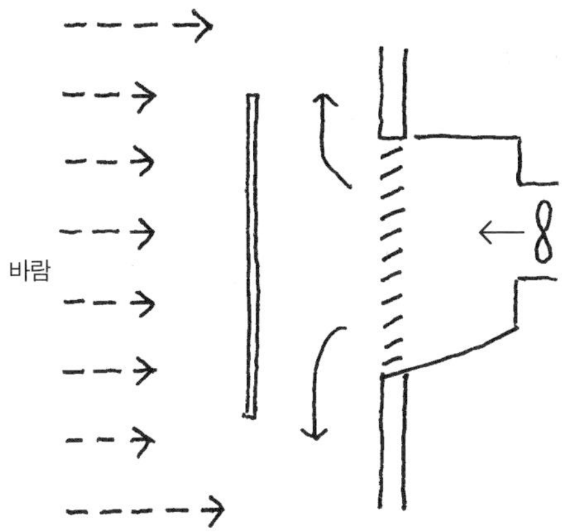

그림2 차음판 설치

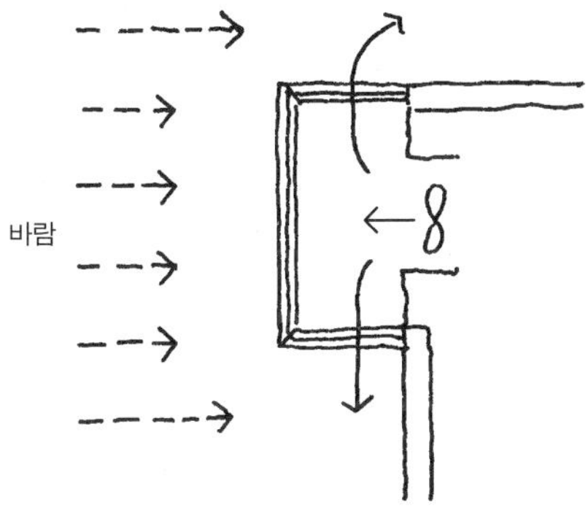

그림3 3면 루버에 의한 배기

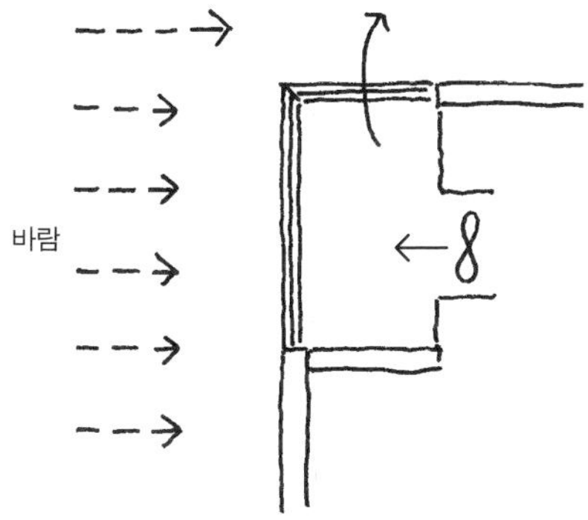

그림4 2면 루버에 의한 배기

061 급배기 루버는 외벽을 오염시킨다

설비에 관련하는 외벽의 오염에서는 급배기루버, 특히 주방 배기 후드 바로 아래의 외벽면이 검은 색으로 변색한다. 또한 쿨링타워 근처의 벽면 및 유리면에서도 오염이 발생한다.

외벽은 오염되더라도 청소 및 유지 · 관리를 자주 한다는 것은 곤란하고, 설계단계에서 건물형상과 외장재의 선정을 고려하면 오염을 방지하고, 미관그대로 건물상태를 유지하는 것이 가능하다.

1. 오일 미스트가 외벽면에 부착되어 먼지를 유인

배기 가스에 포함된 오일 미스트가 벽면에 흡착되어 그것이 먼지를 유인하여 검게 변색한다. 또한 배기 후드가 물끊기로 되어 빗물에 의한 세정이 이루어지지 않아 오염을 조장한다.

2. 외장 마감재의 선택으로 오염을 방지

외벽의 마감재는 기름기의 오염이 부착되기 어렵게 친수발유성 마감재로 하고, 기름기를 부착하기 어렵게 한다. 배기 후드 주위의 물끊기는 실리콘계 실링재를 사용하지 않는다. 실리콘 실링은 오염을 조장한다.

급배기 루버나 벤드 캡의 하부에는 물끊기가 제대로 된 것을 사용한다. 발코니를 설치하여 루버를 설치할 경우, 외벽의 오염을 방지할 수 있다(그림 1).

3. 쿨링타워 근처의 외벽면과 유리가 오염

냉각탑에서 발생하는 안개 물에서 스케일 제거제를 포함한 칼슘 성분이 석출되고, 외벽에 고착하면 외벽면이 검은 색으로 변색한다.

냉각탑 내부에 곰팡이가 많고, 수증기가 분사되는 외벽쪽은 항상 습윤상태이기 때문에 곰팡이가 발생하기 쉽다. 근처의 유리면에서도 칼슘이 석출되어 고착되어 넓게 오염이 발생한다. 유리면에서의 칼슘 석출은 고착하기 전에 자주 씻는다. 외벽면의 곰팡이 발생은 방곰팡이제 등을 사용하면 억제할 수 있다(그림 2).

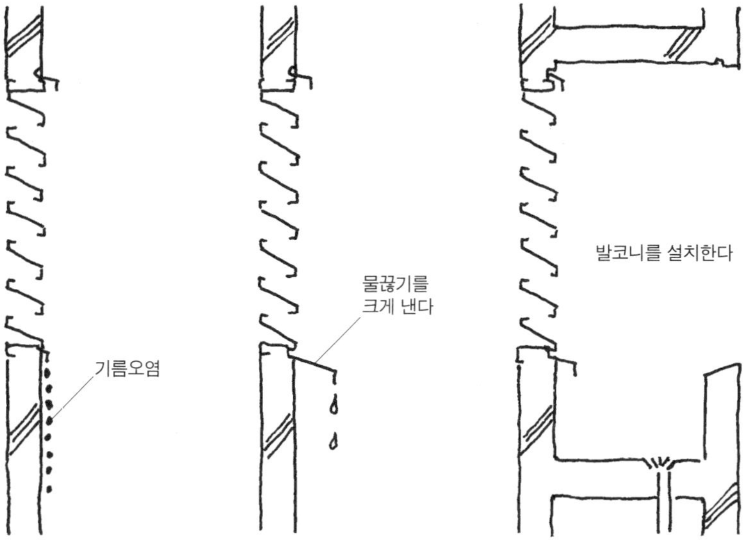

그림1 배기 루버는 외벽을 오염시킨다

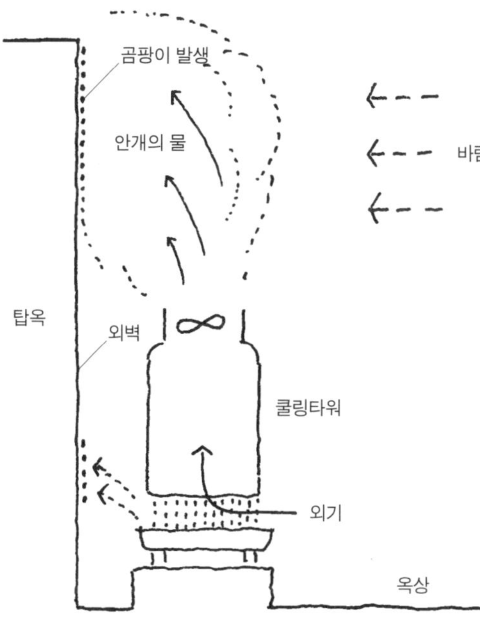

그림2 쿨링 타워에 의한 외벽의 오염

062 욕실은 급배기 균형이 중요

욕실 환기가 나쁘면 수증기(증기)가 욕실 안으로 들어옴과 동시에 곰팡이가 발생한다. 또한 환기가 너무 잦으면 겨울철에는 너무 춥다는 주장이 나온다.

1. 욕실 환기는 급기와 배기의 균형이 중요

욕실환기는 필요하지만 균형잡기가 어렵다. 급기량과 배기량의 균형이 잡히지 않으면 클레임으로 이어진다. 배기는 배기팬이 제대로 돌아갈 수 있지만, 급기가 않되거나 급기구가 있어도 급기량이 부족하면 충분한 환기가 될 수 없다.

2. 자연환기인 경우

자연환기인 경우, 통풍구의 조작이 용이하지 않으면 환기되지 않는다. 욕실의 환기는 배기와 급기의 균형을 잡는 것이 중요하고, 도어 루버에서 자연배기와 급기가 균형있게 조정할 수 있는 것이 바람직하다. 내부와 외부의 풍압력에 의한 환기 및 내부와 외부의 온도차(부력)에 의한 환기를 위한 개구부를 설치한다. 급기와 배기구의 위치관계는 낮은 위치에 급기구를, 높은 위치에 배기구를 설치하여 거기에 평면적으로 대각선으로 배치한다. 개폐 가능한 창문이 있어도 반드시 개방되어 있다고 할 수 없기 때문에 중요하다.

3. 기계환기인 경우

욕실에서 확실한 환기효과를 추구한다면, 배기량에 따른 급기에 유효한 개구부 및 제3종 기계환기설비 또는 제1종 기계환기설비를 설치할 필요가 있다.

목욕 중에 느슨한 환기는 목욕 후 욕실을 건조시키는 강제 환기로 교체해 둘 필요가 있다.

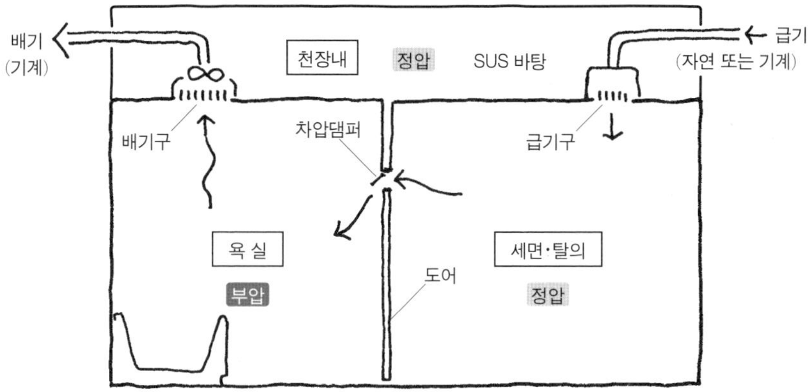

그림1 욕실의 급배기

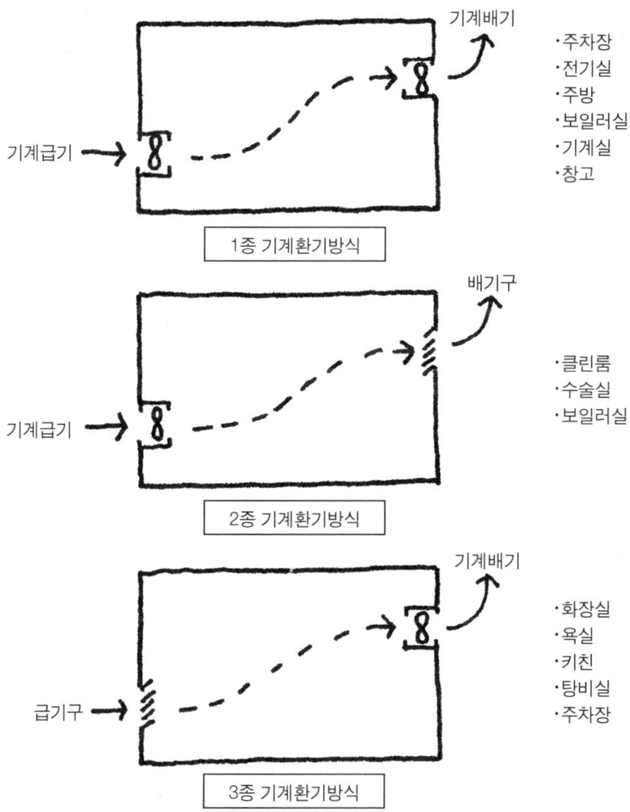

그림2 기계 환기 방식과 채용하는 실의 예

063 외벽 루버로 들어가는 빗물 침입 방지책

루버는 공기 출입구이지만 공기와 함께 빗물도 유입된다. 루버에 덕트가 연결되어 있는 경우에는 덕트 속까지 빗물이 들어갈 수도 있고, 그것이 누수의 원인이 될 수 있다. 루버는 공기뿐만 아니라 벌레도 들어갈 수 있고, 경우에 따라서는 새들이 들어와 둥지를 틀 수도 있다.

1. 루버 안쪽으로 물받이를 설치하여 배수한다.

루버 내부에 물받이를 설치하여 원활하게 외부로 배출하기 위해 물받이를 설치한다. 물받이는 루버 유효 개구 면적을 확보하고, 루버하단에서 물매를 잡아서 100mm 정도 치올림하여 원활하게 배수되도록 한다. 물받이의 재질은 샷시와 같은 동재료로 수밀용접 조립한다. 물받이는 새시 후에 설치하기 때문에 연결부는 씰로 아무림한다. 개방형 루버에서는 물받이는 결로되지 않는다고 생각되지만, 경우에 따라서는 방로 또는 단열재를 검토한다.

2. 루버날개는 외부로 한다.

루버의 물받이 씰은 열화나 노화되었을 경우 교체할 필요가 있다. 내부쪽에서 씰의 유지 · 관리를 할 수 없는 경우가 대부분이다. 루버의 날개를 외부부착하여 실교체시에 날개를 분리할 수 있도록 해 둔다.

3. 루버에는 방충망, 방조망이 필요

루버에서는 벌레도 들어오고, 새도 들어와 둥지를 만든다. 그래서 방충망과 방조망이 필요하다. 방충망은 유지 · 관리 빈도가 높기 때문에 분리를 쉽게 할 수 있도록 한다. 방충망은 SUS316 선재, 지름 0.25mm 피치 2mm 이하로 한다. 방조망은 SUS304 선재, 선지름 1.5mm, 피치 15mm로 한다.

4. 루버 덕트를 연결하는 경우

루버에서 물받이는 알루미늄제, 연소의 우려가 있는 부분은 SUS제로 한다. 수밀용접 조립한 물받이와 덕트는 패킹을 끼워 M8 볼트로 100 피치고정한다. 물받이부는 루버 하단에서 물매를 설치하여 100mm 치올림하여 원활하게 배수되도록 한다. 물받이는 덕트와 마찬가지로 보온 및 단열을 위한 분사도 고려한다.

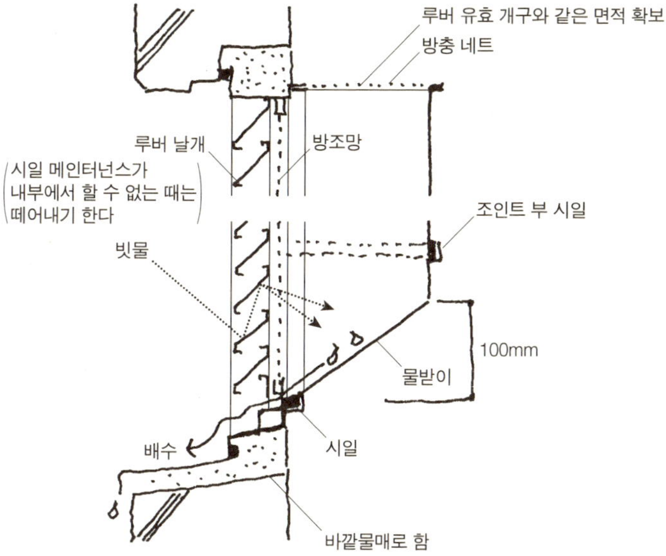

그림1 루버의 물받이

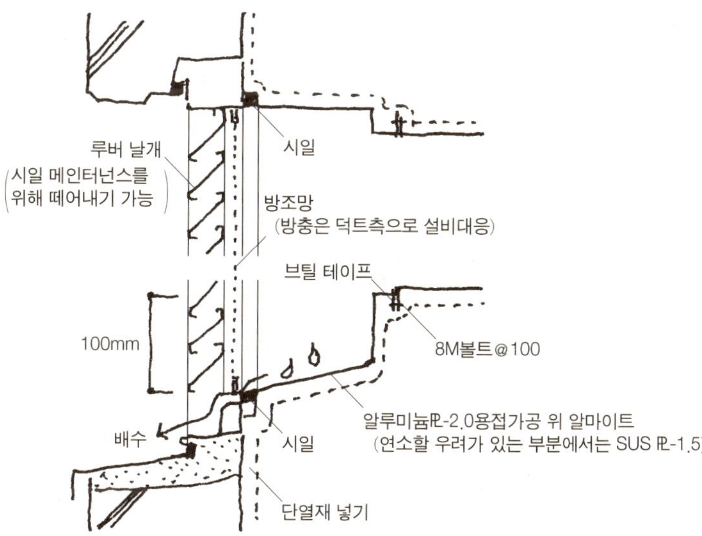

그림2 루버의 덕트 접속

064 렌지후드에서 누설된 배기는 어떻게

주방에 설치된 렌지후드에서 모든 증기나 가스, 냄새를 제대로 집결하여 배출해야 한다. 렌지후드에서 제거되지 않은 증기나 가스, 냄새는 천장면에 머물러 인접한 실로 새는 경우도 있다.

렌지후드의 배기용량 이상으로 증기나 가스가 발생하면, 렌지후드에서 제거되지 못하고 천장면으로 상승한다. 렌지후드가 충분한 배기용량이더라도 배기량 상당한 급기량이 없는 경우는 급기량만큼 밖에 또는 배출할 수 없다.

렌지후드는 급 · 배기 일체형인 것이 있고, 항상 배기용량만큼은 배기할 수 있지만, 그렇더라도 증기나 가스는 천장면으로 새어 나간다. 천장면에 누출된 증기나 가스, 냄새는 천장면에 별도로 설치한 배기구에서 배기되면 좋다. 그 경우에도 급기량을 충분히 하는 것이 필요하다. 그 경우에도 충분한 급기량이 있어야 배기가 좋아진다.

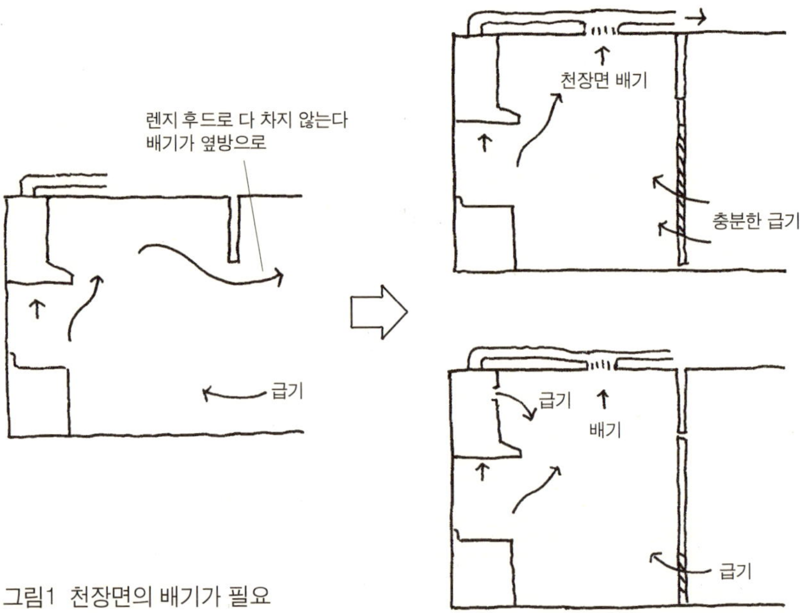

그림1 천장면의 배기가 필요

주방 덕트 안에 기름에 불이 붙었다.

주방, 특히 업무용 주방에서는 증기나 가스에 섞인 기름이 덕트에 달라 붙기 쉽다. 장기간 사용하면 기름이 다량으로 달라 붙어 거기에 불이 붙어 화재로 이어져 위험할 수 있다.

주방 렌지후드에 기름이 유착되어 흘러내리기 때문에 기름 받아와 기름빼기를 설치하고 있다. 때때로 기름기 빼기를 하고, 후드면은 청소를 해서라도 덕트 내부에 기름이 유착되지 않도록 해야 한다. 후드면에 기름제거필터를 설치하는 경우에는 괜찮더라도 필터는 자주 교체하거나 청소해야 하고, 종종 필터를 제거한 사용하는 경우가 있는데, 이렇게 사용하면 안된다. 주방 배기덕트에는 덕트소화설비를 설치하는 것을 권장한다. 만일 덕트에 불이 붙더라도 연소되지 않도록 방화댐퍼를 설치하는 것을 고려한다. 스토브에서 배기 후드 그리스 필터에서의 거리는 80cm 정도 떨어져 있어야 한다.

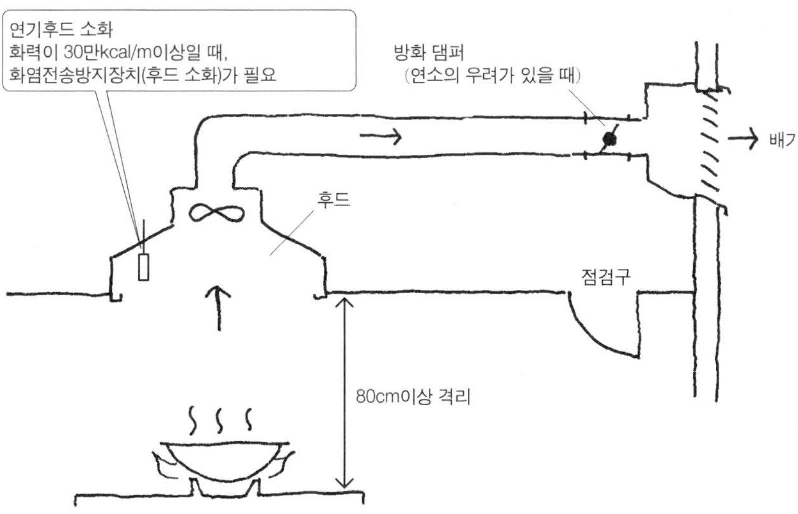

그림1 후드 소화

066 집합주택의 환기구에는 소음 챔버를 설치한다

집합주택의 연립주택은 보통 발코니 쪽에서 급기하여 공용통로쪽에서 배기하는 경우가 많다. 발코니가 도로변에 접하고 있는 경우는 급기구로 도로의 소음이 들어간다. 도로소음은 위층의 발코니 슬래브 판에 반사하여 그것을 흡입형태로 실내에 소음이 침입돈다.

외부소음은 외기와 함께 급기구에서 침입한다. 급기구가 24시간 환기용 개방형 일 때는 외부의 소음이 그대로 실내에 침입한다. 이런 경우는 외벽의 급기구와 내부 천장 등의 급기 그릴사이에 소음 챔버를 설치한다. 외벽 관통에서 직접 실내의 벽에 급기그릴을 설치하는 경우에는 차음형 벤트 캡을 설치하는 것 정도 밖에 할 수 없다.

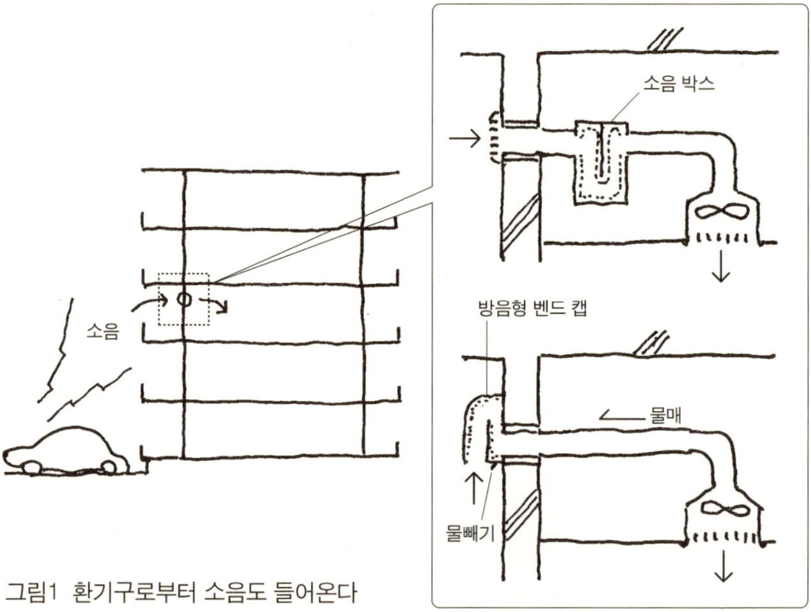

그림1 환기구로부터 소음도 들어온다

외기 흡입 덕트는 단열하여 결로를 방지한다

주방 외벽 측의 천장에서 누수되었다. 주방 천장 내부를 조사해보니 주방 급기 때문에 외벽 루버에 연결된 덕트가 결로되어 있고, 그 인하여 결로한 물이 천장에서 누수되었다.

천장 내부는 실내온도와 같거나 그 이상일 때도 있다. 외기온도가 낮은 경우, 덕트의 외부에서 결로된다. 빗물누수와 차이가 있는 결로이다. 급기덕트는 결로 방지를 위해 단열재를 감아 둘 필요가 있다. 덕트연결한 루버 내부쪽의 연결박스도 단열재의 분사가 필요하다.

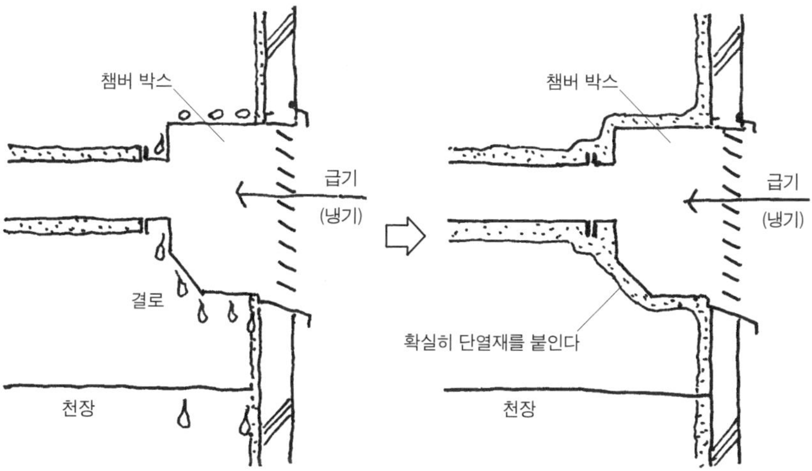

그림1 외기 흡입 챔버박스의 결로

068 실내 온수풀의 천장 안은 24시간 환기

실내 온수풀에서 습한 공기가 천장 안으로 침입하여 천장에 깔아놓은 유리 섬유 단열재를 젖은 상태로 습윤되어 천장 표면에 곰팡이가 발생한다.

천장면의 곰팡이는 온수 수영장의 다습한 공기가 천장 안에서 흡착되는 것이 원인이다. 천장의 다습한 공기를 배기(환기)방법도 있지만, 이 방법의 경우, 풀의 다습한 공기가 천장 안에서만 습윤되기 때문에 수영장의 천장 안에 급기를 한다. 24시간 가압상태로 하여 수영장의 다습한 공기가 흡착되지 않게 하는 것이다. 수영장의 급기를 중지했을 때도 천장 내부를 가압하지 않으면 습한 공기가 유입된다. 외기를 직접 넣어 환기하게 되면 결로될 수도 있으므로 주의가 필요하다.

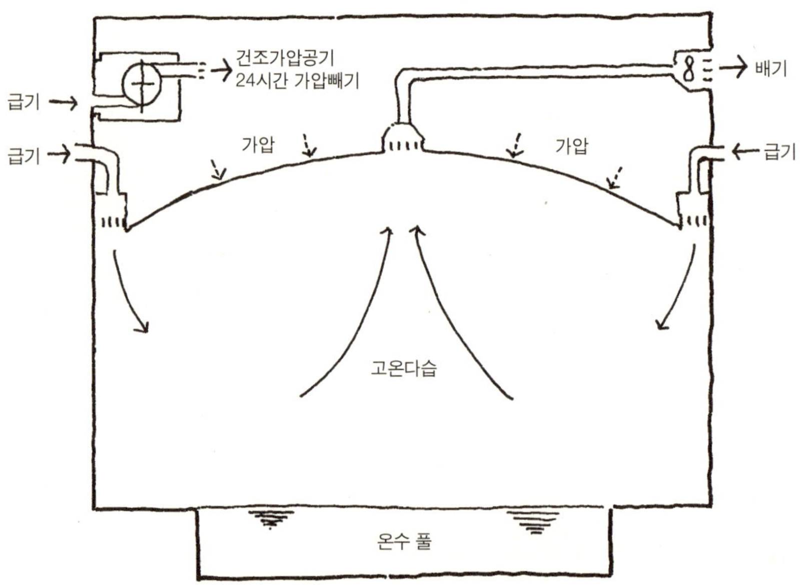

그림1 풀의 천장 안

화장실의 냄새가 남지 않게 배기

화장실을 사용한 후 냄새가 발생하게 되어 화장실에서 나오기 민방하다는 생각이 들 수 있다. 화장실 환풍기는 돌아가고 있는데, 화장실 냄새가 사라지지 않는 문제이다.

화장실 급배기는 일반적으로 도어 하단의 루버에서 급기하여 화장실 천장면에서 배출되는 배기이다. 배기가 충분하지 않아 악취가 남아 있다. 악취의 주요성분은 암모니아이다. 암모니아는 공기보다 무겁기 때문에 화장실 아래쪽에 머물게 되기 때문에 천장면의 배기로 악취를 빠르게 잡지 못한다. 그래서 천장면의 배기뿐만 아니라 바닥에 가까운 곳에서 강력하게 배기할 필요가 있다. 양변기에 탈취제를 설치하여 환기장치를 갖춘 것도 있지만, 탈취제에 의존하게 된다. 상부 배기보다 강력한 하부 배기를 적극적으로 설치를 권장하고 싶다.

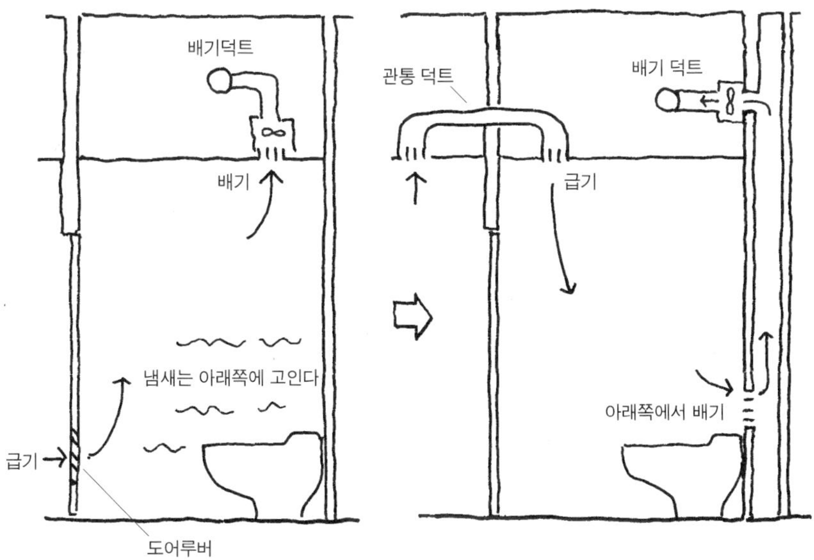

그림1 화장실의 냄새를 없애기 위하여 아랫쪽으로부터 배기한다

특고압 전기실 전력 손실이 열로 바뀌어 실내온도가 상승한다. 옥외에서의 열부하가 가해지는 특고압 전기실은 실내가 40℃를 넘는 고온상태가 될 수도 있고, 변전기기가 과열되어 위험한 상황이 계속되어 위험한 상황에 처할 수 있다. 공조기나 급배기용 팬의 설치가 필요하다.

1. 특고압 전기실은 공조, 급배기가 필요

특고압 전기실의 실내를 고온으로 하면 안되기 때문에, 여름철에는 냉방, 중간기에는 냉각환기, 겨울철에도 일상점검시 작업을 하기 위해서는 환기가 필요하다. 공조기나 급배기용 팬은 수전부를 피하여 안전하게 일상점검을 할 수 있는 위치에 설치한다. 공조기는 만일의 누수사고를 고려하여 플로어 타입을 추천한다. 공조기의 주위에 지수제를 설치하여 배수접시를 설치한다.

2. 급배기 루버는 빗물 침투방지

외벽에 설치한 루버는 강한 비바람일 때는 반드시 빗물이 침입한다. 급 · 배기용 루버에 연결하는 덕트나 에어 챔버, 루버에는 반드시 배수기능을 부가한다. 급배기 팬처럼 일상점검이 필요한 것은 수전부를 피하여 안전하게 유지 · 관리할 수 있는 위치에 설치한다. 설치 위치가 높이 2m 이상의 높은 장소의 경우는 일상점검을 안전하게 할 수 있도록 안전펜스가 있는 트랩이나 작업 스테이지를 설치한다.(→ 063 외벽 루버에서 빗물 침입방지책)

3. 독립 환풍기는 중앙감시실에서 조작

독립된 환풍기에서 급배기를 하는 경우, 조작은 자동제어로 수행하게 하고, 중앙감시실에서 실시하도록 서모스탯 환풍기로 한다.

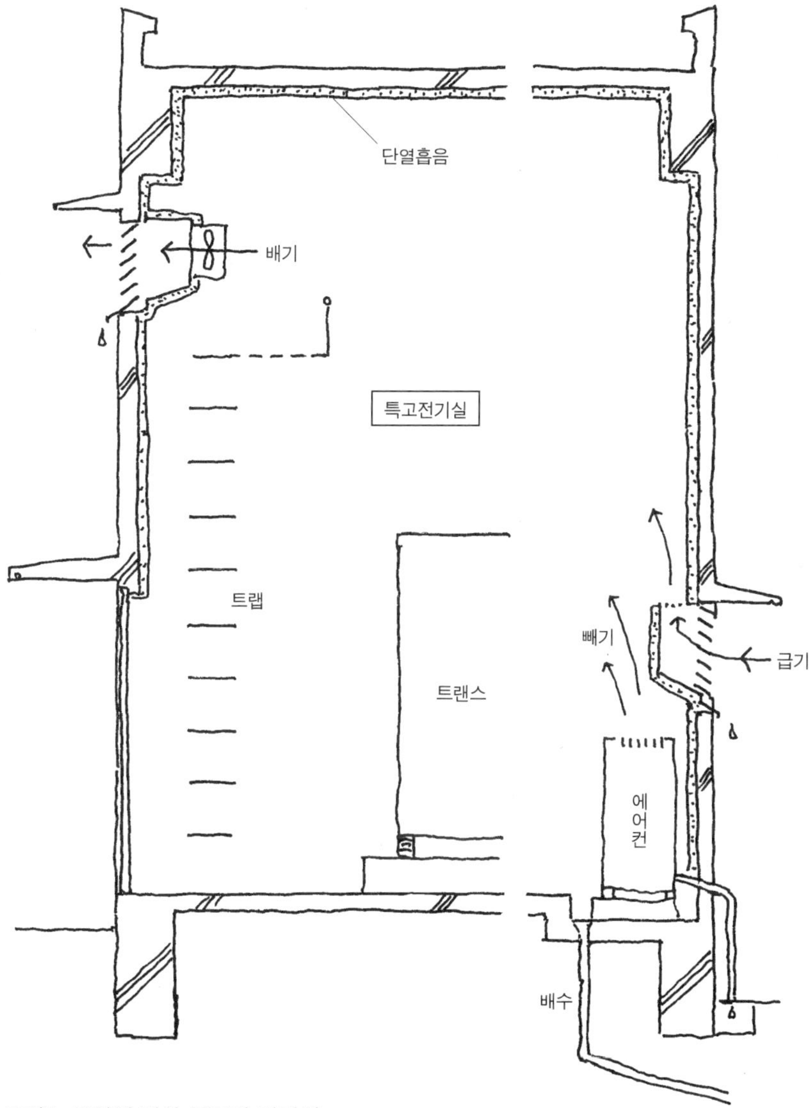

그림1 옥외에 면한 특고압 전기실

071 주방의 냄새가 사무실로 유입

주방배기가 외기유입구에 쇼트서킷되어 사무실로 주방의 냄새가 유입되었다. 외기 유입구와 배기 루버 위치에 따른 문제이다.

1. 옥상에 급배기 루버을 설치하는 경우는 강풍에 주의

사무소 계통의 외기 흡입구와 주방 계통의 배기 루버는 거리를 두고 옥상에 설치되어 있다. 옥상에는 설비기기의 은폐벽을 두기 때문에, 강풍이 넓은 옥상을 휩쓸어, 주방배기가 사무실 계통의 외기흡기구에 의해 유입되어 흡입되었다. 외기유입구나 배기 루버 위치를 결정하는 경우에는 건물 주위에 발생하는 기류, 냄새의 확산 등의 요소를 고려하여 결정한다.

건물에 대한 기류는 공기 흐름방향의 벽으로 정압되고 지붕면(옥상)이나 기타 외벽면에서는 부정압이 발생한다. 공기 흐름방향의 평균풍속을 갖는 풍압과 부압의 비율은 정확히 풍동실험에 의해야 한다. 지붕면(옥상)을 지나는 기류를 기준으로 1,2 층의 저층 건물에서는 건물 높이의 1.3 ~ 2배 범위에 이르는 것으로 알려져있다(그림 1).

2. 배기를 확보하기 위해서는 지나가는 기류의 밖으로 압출

건물에 대한 기류는 바람이 부는 방향 풍압쪽에서는 정압으로, 지붕이나 외벽쪽에서는 부압이 되어 지나가는 과류가 발생한다. 지붕의 높이에서 방출된 오염된 공기는 휘몰아치면서 지붕면으로 넓게 확산된다. 바램 아래로 운반된 냄새는 지표면에 도달하고, 거기에 휘감아서 지붕까지 돌아간다. 건물의 배기를 확실하게 하기 위해서는, 휘몰아치는 바람 밖으로 그 공기를 밀어내거나 또는 지붕면에서 최대한 빠른 속도로 수직배출하도록 계획해야 한다(그림 2).

3. 오염된 배기가 다시 건물 내로 침입

건물에 재침입하는 것은 냄새만이 아니다. 오염된 배기공기도 재침입한다. 도시의 빌딩이 인접하는 장소에서는 설비기능을 충분히 이해하여 재침입이 발생하지 않도록, 빌딩풍의 방향 등 철저히 조사하고 루버 위치를 결정한다.

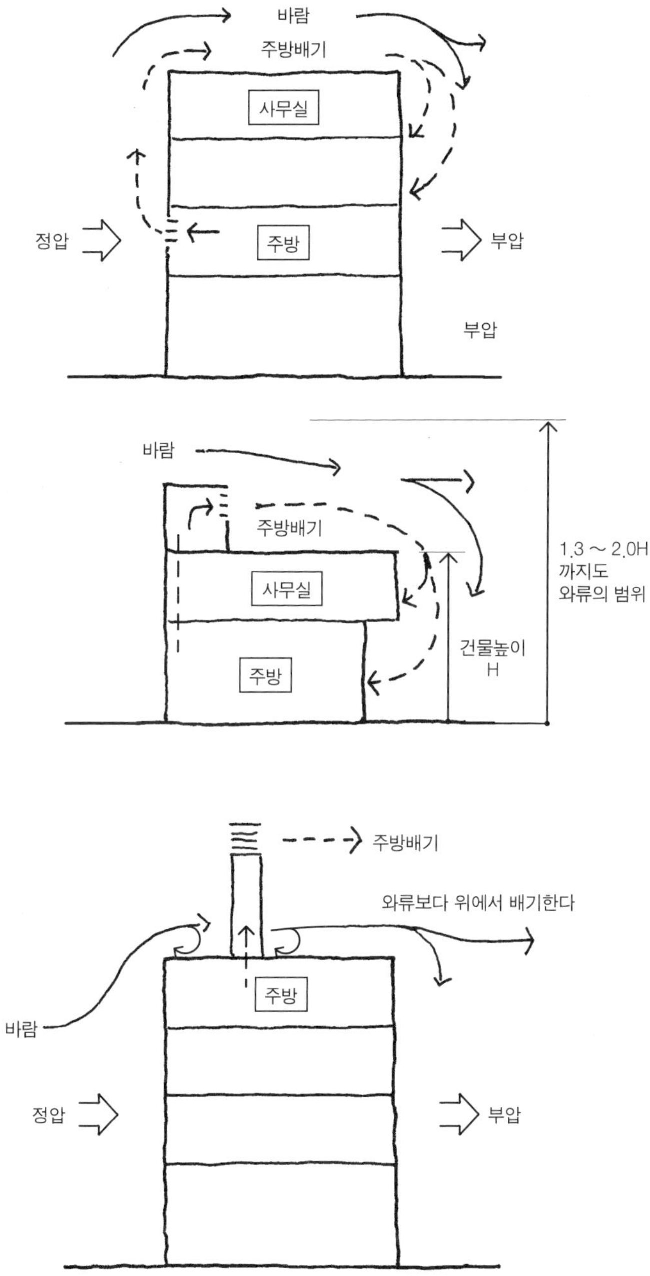

그림1 주방배기는 영향이 적은 곳에서부터

업무용 주방에서는 100℃ 이상의 뜨거운 물을 한꺼번에 대량의 물을 수시로 버리게 된다. 수지계 도장재의 바닥 마감재는 내열온도 40 ~ 60℃ 이며, 주방 바닥재로 적합하지 않다.

1. 주방 사양에서는 습식사양과 건식사양

●습식사양

일반적으로 바닥청소하는 방법으로는 항상 바닥이 젖어 있는 상태에서 청소하게 된다. 조리작업 과정에서 사용하는 물을 바닥에 직접 버리기 때문에 바닥 물매에 의해 배수구에 모아져 배수된다. 세균이 번식하기 쉽고, 바닥의 물에 젖어 미끄럽고 내열성이 없는 바닥재를 채용한 경우에는 바닥이 쉽게 손상되어 보수공사를 자주하여야 한다.

●건식사양

바닥에 물을 직접 버리지 않고, 주방설비에서 배수관으로 직접 배수하는 방법으로 바닥이 젖어있지 않아서 물을 흘리더라도 즉시 닦아내고 항상 바닥을 건조한 상태이기 때문에 세균번식이 적다. 현재 업무용 주방은 건식사양이 대세이다. 업무용 주방은 기름이나 먼지에 의해 오염이 반드시 발생하기 때문에 주방의 모든 지역을 건조하게 유지하는 것은 곤란하다. 작업 종료 후 세척하는 것이 일반적이고, 습식사양이더라도, 젖은 사양에도 견딜 수 있는 바닥마감재로 해 둘 필요가 있다.

2. 주방 바닥 마감재의 선택은 중요

대량의 온수를 빈번하게 버리는 업무용 주방 등의 바닥재는 내열성, 내마모성이 높은 도자기 타일이나 화강암, 경질우레탄 도장 바닥 마무리를 권장한다.

●도자기 타일

도자기 타일바닥은 타일 줄눈에 물, 기름, 쓰레기 등의 이물질에 의한 오염이 흡착이 쉽고, 충격에 약하기 때문에 손상되거나 균열, 박리가 발생하기 쉽다.

●도장바닥마감

경질우레탄계 바닥재의 내열온도는 80 ~ 120℃ 정도로 도장 바닥재 중에서도 도장두께가 두껍고, 내구성, 내열성이 우수하여 박리의 발생은 적다. 신축줄눈(균열유발줄눈)을 설치함으로써 바닥의 균열을 방지할 수 있다.

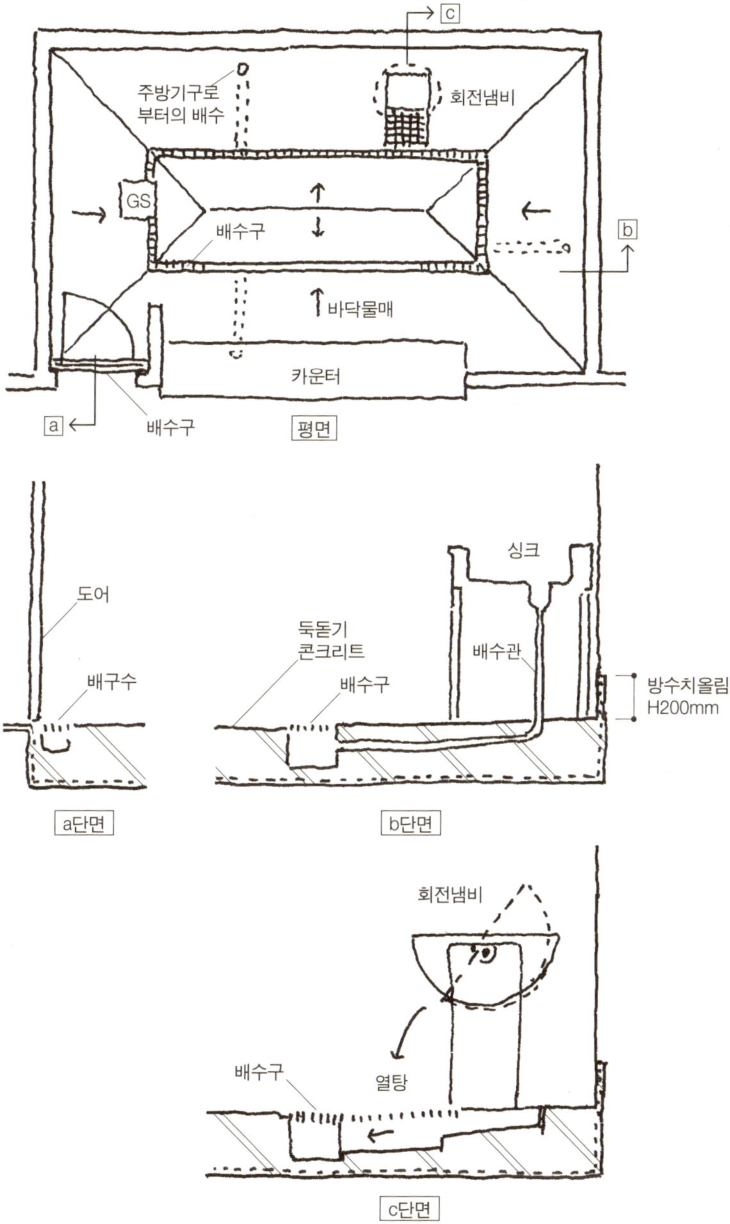

그림1 주방의 바닥(습식사양)의 예

073 집합주택의 물탱크의 소음 · 진동대책

집합주택에서는 물탱크의 가공펌프 운전시의 소음과 진동의 원인이 된다. 바닥 면적을 효율적으로 사용한다는 관점에서 옥외 부지경계에 설치하는 예가 많다. 그 경우는 심야에 물탱크의 「낙수 소리가 시끄럽다」고 주민과 인근에서 불만이나올 수 있다.

1. 물탱크펌프실은 별채에

집합주택의 저층부에 물탱크펌프실을 설치하면 물을 가압하여 보내기 위한 펌프의 구동음이나 진동이 배관을 통해 구체에 동반하여 전달된다. 배관하는 집합주택에서는 물탱크펌프실은 별채에 하는 것이 원칙이다. 부득이하게 건물 내에 설치하는 경우는 물탱크펌프실은 EXP. J로 절연하고 실내에 흡음재를 부착한다. 가압 펌프의 기초는 뜬바닥으로 하여 배관은 방진매닮 등 방진지지한다.

2. 옥외에 설치하는 경우 낙수 소리대책을

물탱크를 옥외에 설치하는 경우 심야에 「물탱크급수시 낙수소리가 시끄럽다」고 컴플레인의 원인이 될 수 있다. 물탱크는 전극봉과 폴 탭으로 저수량을 관리한다. 낙수대책으로는 물탱크의 저수면의 하한값보다 아래로 급수관을 늘려 수면의 상부에서 급수배관을로 통기구를 열어 둔다.

3. 대지경계선의 인근대책

7.5kw 이상의 가압펌프는 소음 진동규제 조례의 규제 대상이된다. 가압펌프가 발하는 운전시의 진동소음은 대지경계선에서 소음규제기준을 준수하여야 한다. 필요에 따라 물탱크펌프실을 방음벽 등으로 둘러싸야 한다.(→ 041 공조 실외기는 소음대책을)

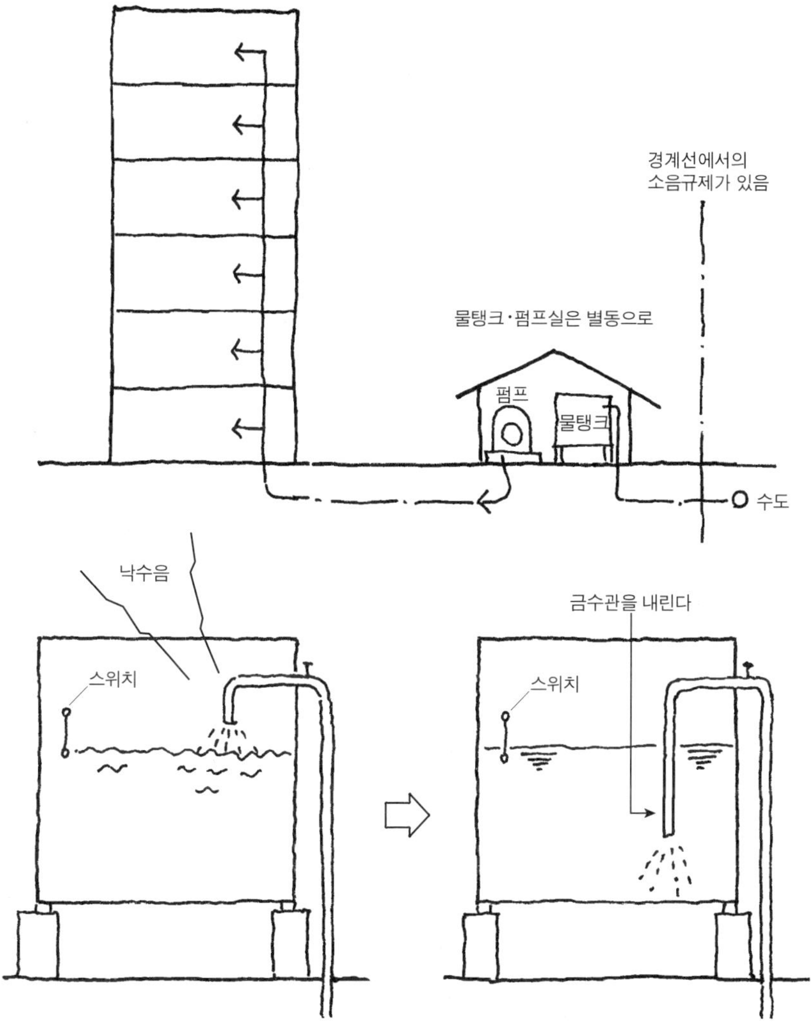

그림1 물탱크의 소음

집합주택의 윗층에서의 오수배관이 저층의 엔트런스 로비나 공용부 라운지 천장에 집결되어 있다. 수평가로배관된 경우에는 오수배관의 진동이 구조물과 공진하여 소음이 커지고 컴플레인이 될 수 있다. 또한, 기준층에서는 파이프 공간 안에 배관된 욕실(UB)과 세면 · 화장실 오수배관이나 폐수배관 등에서 내려가는 유수음이 인접한 연립주택과 아래층 연립주택에서의 소음 · 진동이 전달되어 컴플레인이 될 수도 있다.

1. 오수배관이나 폐수관은 방음사양으로

오수배관이나 폐수배관은 비닐 라이닝 배관 등의 방음사양(배관에 질량을 갖게 하는)으로 한다. 경질염화비닐 배관을 사용하는 경우, 납 섬유판감기 등으로 방음처리한다. 수직세로배관에서 수평가로배관으로 바뀌는 부분은 큰 휨 벤드(R 500mm 정도)로 하여 배관의 진동이 구체에 전달되지 않도록 하는 배관지지는 「건축설비 내진설계 · 시공지침」(일본건축센터)을 기준하여 방진사양으로 시공한다.

2. 오수배관이나 폐수배관은 환기를 확실하게

오수배관이나 폐수배관은 최상층 연립주택의 넘치는 면보다 상부에서 탑환기구를 설치한다. 탑환기구는 옥상에 개방하는 것이 원칙이다. 부득이하게 최상층 연립주택의 발코니부에 개방하는 경우는 악취가 발코니에 체류하지 않도록 통기밸브를 설치해야 한다. 수직세로배관에서 수평가로배관으로 변경하는 부분은 반드시 청소구를 설치한다.

통기밸브는 항상 폐쇄하여 두고 통기배관 안에 부압이 발생되면 밸브를 열어 외부 공기를 흡입하도록 하는 구조이므로 밸브가 고착되어 결함이 발생할 수 있기 때문에 일상적인 유지 · 관리가 중요하다.

3. 세트 백 지붕 발코니 통기관

건축기준법의 사선제한을 받고, 최상층의 단부 연립주택 발코니에 설치하는 경우가 있다. 그 경우 아래층 연립주택의 통기배관의 위치는 지붕 발코니에 접한 연립주택의 개구부 위치를 고려하여 결정한다. 풍향에 따라서는 악취가 연립주택으로 들어온다. 그 경우에는 통기관의 개방위치를 개구부에서 5m 이상 이격하도록 권장한다.

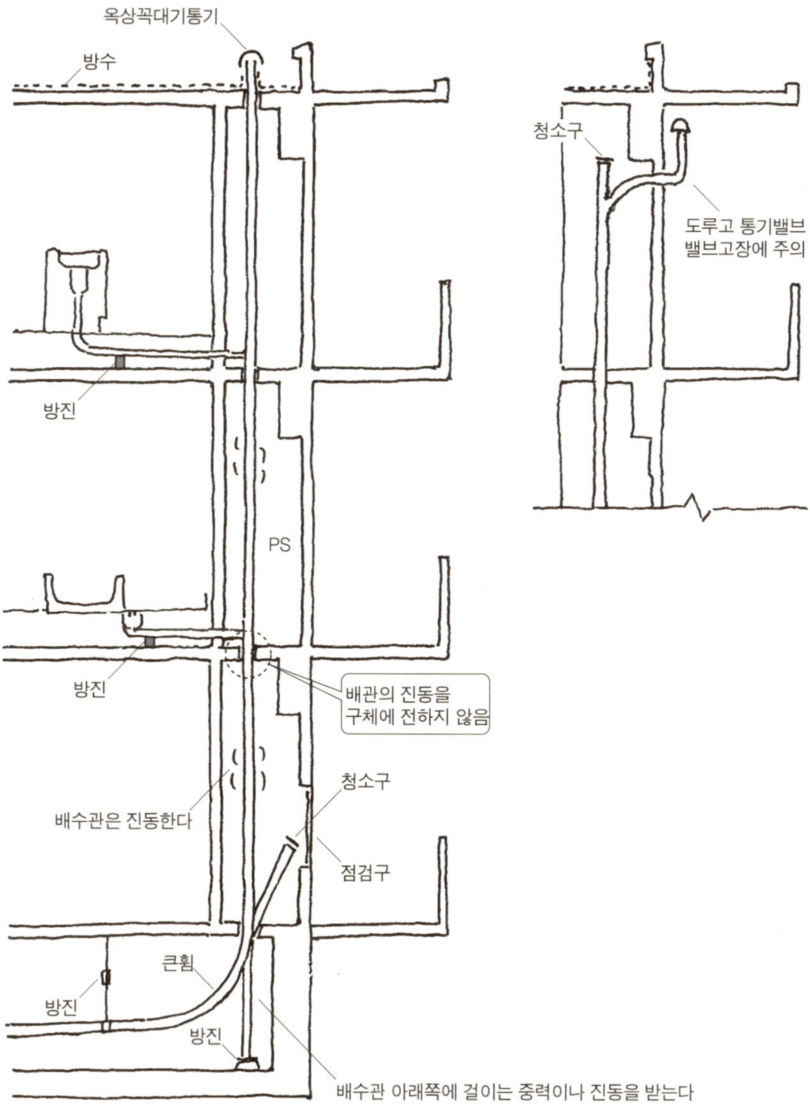

그림1 배수관의 소음 · 취기대책

집합주택은 세면실에 설치한 세면대와 세탁기 수전의 고장이나 유닛배스(화장실+욕실)의 배관 연결부의 누수로 아래층에서 누수할 수 있다.

1. 물 주위는 누수될 수 있다.

급수 · 급탕배관이나 배수관 연결부분에서 누수될 수 있다. 유닛배스는 바닥방수팬이나 벽 패널 외부쪽의 배관연결부에서 누수가 있으면 바닥 슬래브면에 물이 고여 아래층으로 누수된다. 세면실에서는 세면대의 물동이 급수 · 급탕배관이나 배수관의 누수뿐만 아니라 세탁기의 급수관나 세탁방수팬 배수관의 누수도 있다. 바닥 등 보이지 않는 곳에서의 누수는 아래층의 컴플레인 요구가 많다.

2. 물 주위의 누수대책은

세면실과 욕실의 바닥 슬래브 표면을 도막방수를 하거나 배수를 설치해 두면 만일의 경우에도 안심이 된다. 배수를 설치하지 않는 경우는 세면실 바닥에 바닥 점검구를 설치하여 누수감지 센서를 설치하면 좋다. 바닥 점검구에서 닦아낼 수 있도록 하는 것만으로도 안심이다. 시공에 있어서는 급 · 배수배관의 고정을 확실하게 실시한다. 완료 후 수압시험나 폐수확인을 실시하는 것은 말할 것도 없다.

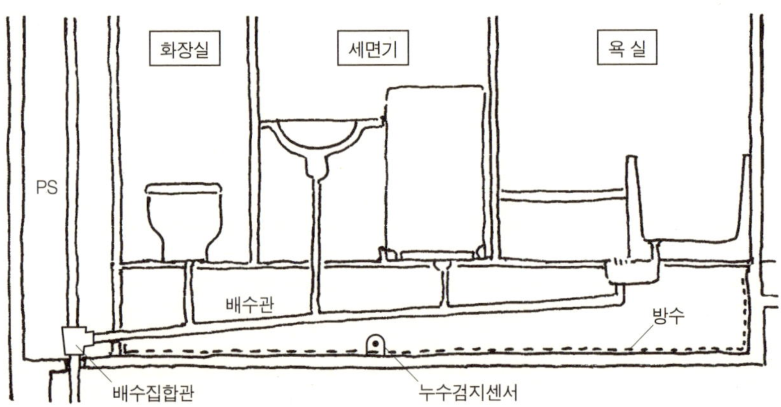

그림1 집합주택의 물 주위

급수배관 안이 수전이나 잠금 등의 개폐동작에서 급격한 유속변화가 일어나면 물 관성력으로 급수관 내에 충격과 높은 수압이 발생하여 드 드드 같은 소리와 진동을 동반한 충격음이 발생한다. 이현상이 수격작용(워터 해머)이고 노킹현상이라 말한다 .

수격현상이 발생하면 급수관의 진동이 지지되어 있는 구조물과 공진하여 충격음이 발생한다. 이것은 특히 집합주택인 경우, 소음 · 진동문제의 원인이 된다. 물의 흐름이 빠른 경우에는 압력이 10MPa 정도가 될 수 있고, 가스 온수기의 밸브를 파괴하거나 이음이 파손될 수 있다. 원인불명의 누수와 샤워기의 급격한 온도 변화, 온수기 센서 파손 등이 많은 경우가 이 수격작용에 의한 것이다. 급수배관의 지지 · 고정방법이 불충분한 경우는 진동음 외에 배관 도중에 체크 밸브로 막는 음이 발생할 수 있다,

전자밸브를 사용하는 가스 온수기나 식기세척기는 안정되어 흐르고 있던 물이 순간 중지되기 때문에 수격현상이 발생하기 쉽다. 현재는 급격하게 밸브를 닫히지 않도록 기구를 설치하는 것이 상품의 주류이다. 수격현상의 대책으로는 급수관의 흐르는 물의 속도를 낮추어 수격현상을 흡수하면 된다.

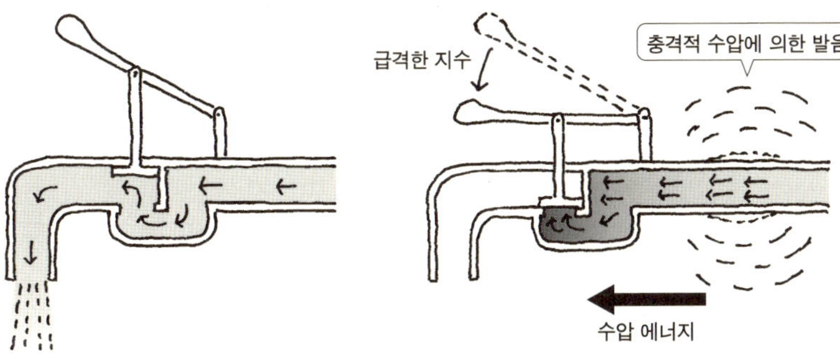

그림1 급수배관의 노킹

077 월풀 욕조의 진동소리가 아래층으로 전달

집합주택과 호텔 객실의 욕실에 설치된 월풀 욕조의 진동소리가 아래층으로 소음이 전달되어, 불만을 호소한다. 주택이나 호텔은 야간에 한정하지 않고 조용한 정적이 요구되기 때문에 확실한 방진 · 방음대책이 요구된다.

집합주택과 호텔의 욕실 월풀 욕조는 거품분출장치의 기계 진동소리와 욕조 내에서 기포가 분출할 때의 진동음이 발생한다. 기계와 욕조는 바닥에 설치되어 있기 때문에 바닥으로 진동이 전해져, 아래층이 소음으로 울린다. 기계의 설치부분과 배관이나 욕조 각각에 방진장치를 설치하거나 기계나 욕조 전체를 이중 바닥의 방진바닥으로 할 필요가 있다. 진동이 배관으로 전달되는 경우도 있으므로 배관 자체의 진동동반 전달방지나 배관지지재를 방진 타입하는 등 섬세한 배려가 요구된다.

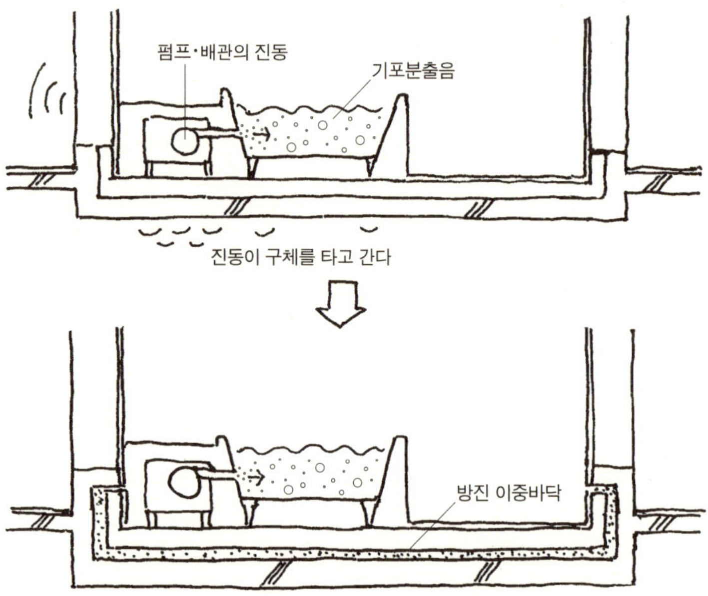

그림1 월풀 욕조의 진동대책

78 피트의 오수조는 부식한다

빌딩 지하 피트에 설치한 오수탱크는 부식방지를 위한 조치를 하지 않으면 오수조 상부의 바닥판은 철근이 부식되어 콘크리트가 위험한 상태가 된다.

오수조 내부는 아황산 가스 · 황화수소 등을 함유한 가스가 콘크리트 구조물을 중성화시켜 콘크리트 내부의 철근까지 부식시킨다. 오수조 내부는 바닥과 벽면뿐만 아니라 천정면에서도 방수하여, 구체에 오수와 아황산 가스 · 황화수소가 직접 닿지 않도록 해야 한다. 오수조는 6면 모두방수가 필요하며, 에폭시계 도막방수로표면보호를 해야 한다. 바닥 점검용 맨홀은 도막방수형을 채용하여 안팎의 양면을 타르 에폭시 도장으로 한다. 설치장소에 따라 보안상 자물쇠를 설치한다.

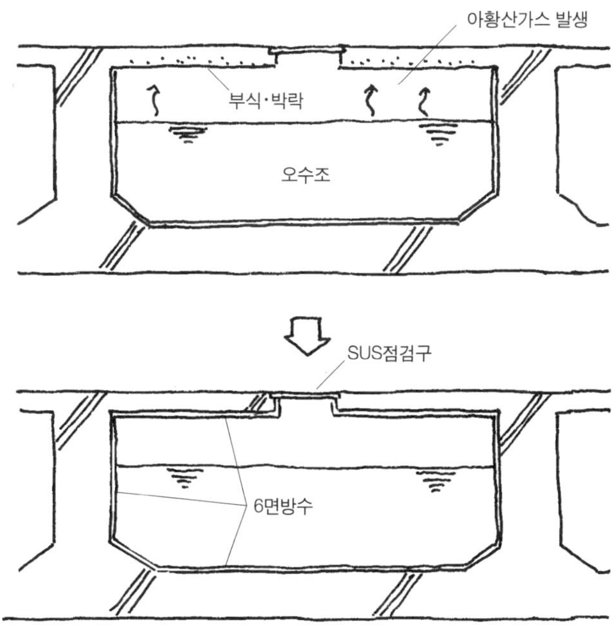

그림1 지하 피트의 오수조

방화 또는 준방화지역 내에 있는 부지에 FRP제 물탱크를 옥외에 설치하는 경우에는 물탱크는 건축물이 아니므로 「연소의 우려가 있는 부분」에 설치하더라도 방화조치는 하지 않아도 된다. 펌프실을 급수탱크(물탱크)와 일체로 병설하는 경우, 펌프실 부분이 건축물로 취급될 수 있으므로 주의를 요한다. 펌프실이 건축물에 해당하는 경우에는 방화조치가 필요하며, 펌프실은 불연재료로 덮어야 한다.

1. 물탱크는 물 탱크에서 건축물이 아니다.

펌프를 급수탱크에서 독립적으로 설치하는 물탱크는 건축물이 아니라 바닥면적에 산입하지 않는다. 펌프실 병설 일체형 옥외 물탱크도 원칙적으로 건축물이 아니다. 다만 펌프실 부분이 건축물로 취급되는 경우가 있으므로 주의를 요한다. 건축물로 취급되면 방화 · 준방화지역 내에 설치하면 방화조치가 필요하다.

2. 펌프실이 건축물 취급되면 물탱크의 방화조치가 필요하다.

방화 · 준방화지역 내에 설치한 펌프실 병설 일체형 옥외 물탱크에 방화조치가 필요 여부의 판단기준 는 「대지에 설치하는 부속 건물의 방화조치의 취급」을 준수한다. 지구공원 내에 설치되는 방재창고와 동일하게 취급된다. 방재창고인 경우, 창고에 사람들의 입 · 출입여부로 판단이 나뉜다.

안깊이가 1m 이내의 것, 또는 높이가 1.4m 이하로 사람들이 창고에 드나들 수 없는 경우에는 건축물로 취급되지 않아 바닥면적도 발생하지 않는다. 이 경우, 방화지역 · 준방화지역 내에 설치해도 방화조치는 불필요하다. 펌프실 병설 일체형 옥 물탱크인 경우도 마찬가지로 펌프실에 점검을 위해 사람이 사람이 서있을 있는지 여부로 판단이 나뉜다. 펌프실의 크기는 구체적인 수치규정이 아니라 펌프실 안에 사람이 들어가 유지 · 관리 등을 실시하는 경우에는 건축물로 취급되며 방화조치가 필요하다.

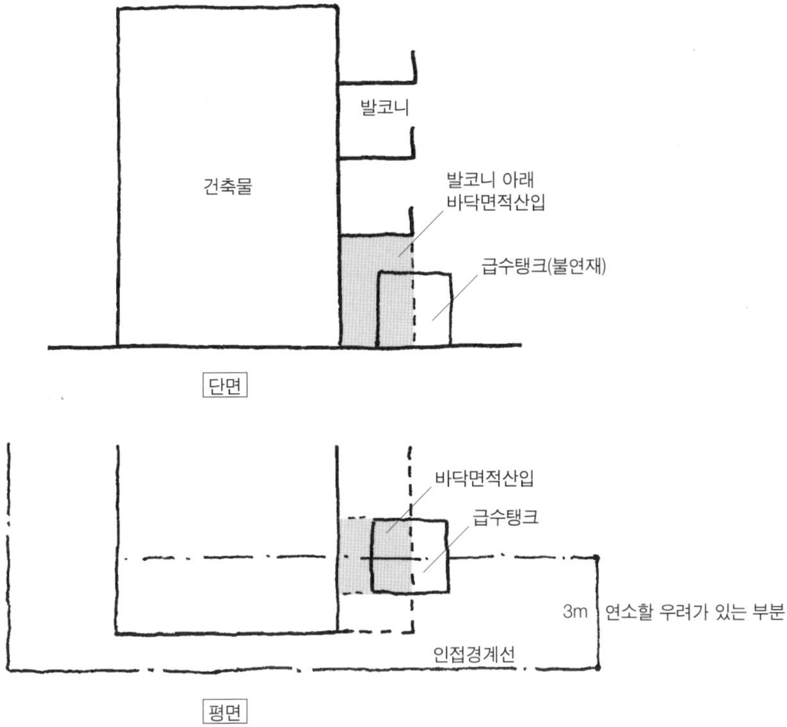

그림1 급수탱크도 바닥면적에 산입된다

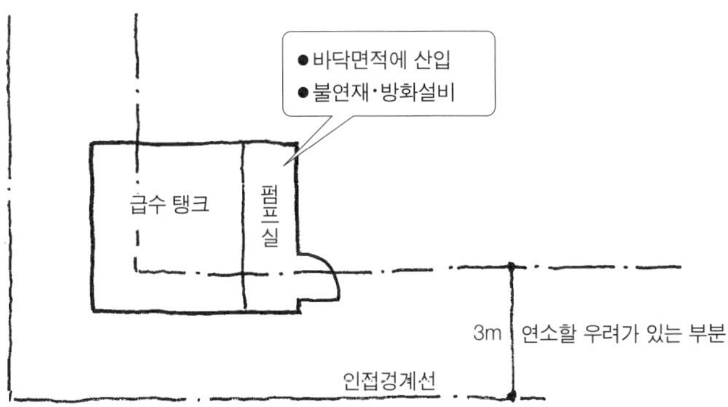

그림2 급수탱크와 펌프실이 일체인 경우

정원에 물의 흐름이나 연못을 수경시설로 설치하는 경우가 많지만, 그것을 언제 까지나 아름답게 유지하기 위해서는 정기적 인 청소나 물순환 설비의 유지 · 관리가 필요하다. 수경시설의 유지 · 관리에서 운영비용와 노력이 소요되는 중요한 작업이다.

1. 연못의 수면을 거울처럼 만들기 위해서는

수심 300mm 정도, 연못의 바닥에 검은색 돌을 깔고, 연못 주위에 배수홈을 설치하여 오버프로시키면 수면이 거울처럼 비춰진다. 수심 300mm 정도의 깊이는 여름철에 수온이 상승하고 녹조류가 발생하는 환경으로 되기 때문에 살충제를 물에 혼합시켜 순환하는 것이 필요하다(그림 1).

2. 유지 · 관리 포인트

물순환 여과시설의 유지 · 관리가 의외로 경시되고 있는 순환배관의 먼지제거용 필터의 유지 · 관리이다. 필터가 막힘함으로써 그 기능을 다하지 못하고 있다. 유지 · 관리를 하지 않은 체 막혀 있는 것을 방치하면 물순환이 원활하지 못하다. 연못 바닥에 쓰레기가 쌓이고, 이끼와 녹조류가 발생하여 악취가 나고 위생상 좋지 ㅇ낳다. 필털를 쉽게 청소하기 위해서는 공간확보가 중요하다. 가능하면 자동세정 설비를 설치하는 것이 바람직하다. 물순환의 취수구와는 별도로 1년에 2회 정도 정기점검시에 연못의 물을 빼고 청소를 하기위한 배수호스를 별도로 설치한다. 깔아놓은 돌이나 바닥에 침전된 쓰레기를 씻어 소화전나 호스 등의 수납공간을 확보해 두는 것도 필요하다.

3. 연못은 방수시공을 확실하게

연못 바닥에서 누수가 있으면 물순환에서의 추가한 물의 양이 팽창하여, 운전비용이 많이 들뿐만 아니라 컴플레인으로 이어진다. 연못의 방수는 고강도의 두꺼운 부직포를 심재로 깔고 특수 고무 아스팔트 시트방수를 권장한다. 열융착으로 완전일체화시키고, 지반의 부동침하가 예상되는 지반에도 추종성이 높아 파단 내구성과 접합부의 신뢰성이 높은 메인브레인 방수로 한다.

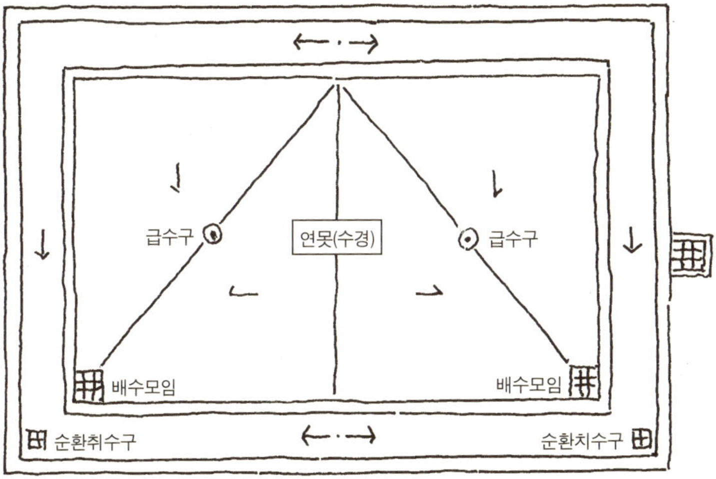

급수구
연못(수경)
급수구
배수모임
배수모임
순환취수구
순환치수구

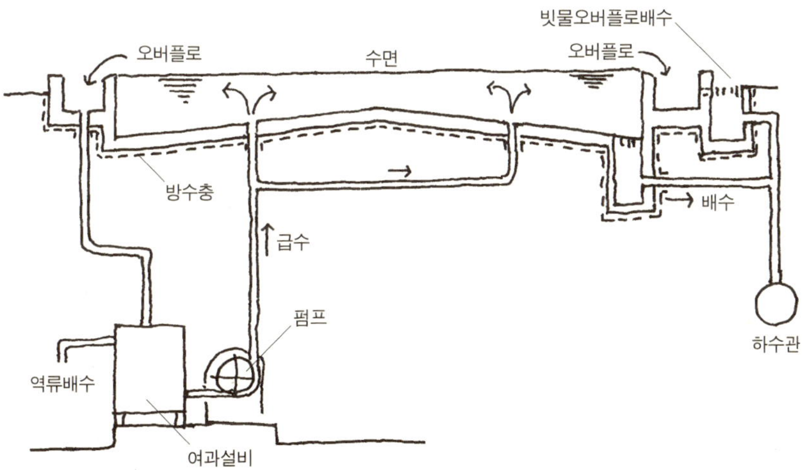

빗물오버플로배수
오버플로
수면
오버플로
방수층
배수
급수
펌프
하수관
역류배수
여과설비

그림1 수경시설(연못)

굴뚝의 불량

가스 급탕용이나 공조용 열원으로 하는 보일러와 흡수식 냉동기, 비상용 발전기를 설치하면 굴뚝(배기통)과 굴뚝의 설치가 수반된다. 배기통이 가로로 길어지거나 건물형태에 따라 굴뚝이 너무 높아지게 되면 가동시의 폐가스가 식혀지면서 드래프트력을 잃고 불완전 연소의 원인이 된다.

1. 굴뚝의 구조

굴뚝은 건물뿐만 아니라 구조내력의 안전성 확인과 방화나 공해방지의 관점으로 건축기준법 시행령 제 115 조에서 구조와 높이에 대한 규정되어 있다.

2. 비상용 발전기는 전용굴뚝으로

비상용 발전기는 전용 굴뚝(배기통)으로 한다. 보일러와 흡수식 냉동기와의 공용굴뚝으로 하는 경우는 다량의 수증기를 포함한 폐가스가 다른 기기 안으로 역류하여 응결하여 기기 내부를 녹슬게 하여 부식하게 만든다. 연료가 중유인 경우, 연소에 따라 유황 산화물이 발생하여 피해가 현저하다.

3. 굴뚝(배기통)과 굴뚝의 접속부

굴뚝은 열에 의한 신축과 진동을 수반한다. 굴뚝을 고정지지하는 경우는 방진재를 통해 지지하고 지점 사이에 신축이음을 설치한다. 벽 관통부는 슬리브를 사용하여 신축을 흡수하는 아물림으로 한다.

① 굴뚝은 상당한 고온이기 때문에 모든 경로에 걸쳐 가연성 물질과 이격시킨다.

② 발전기의 굴뚝을 건물 안에 굴뚝을 연결하는 경우는 엘보를 사용하여 치올림해 두지 않으면 내화재료를 손상할 우려가 있다.

③ 굴뚝 가로길이는 최대한 짧게 한다. 저온폐가스에서는 드래프트 힘이 약해지므로 기기 설치위치와 굴뚝위치에 제한이 걸릴 수 있다.

④ 굴뚝의 단면적은 중간에 축소하지 않는다.

⑤ 굴뚝은 거실을 통과시키지 않는다. 굴뚝의 벽부분에서는 설비기기를 설치하지 않는다.

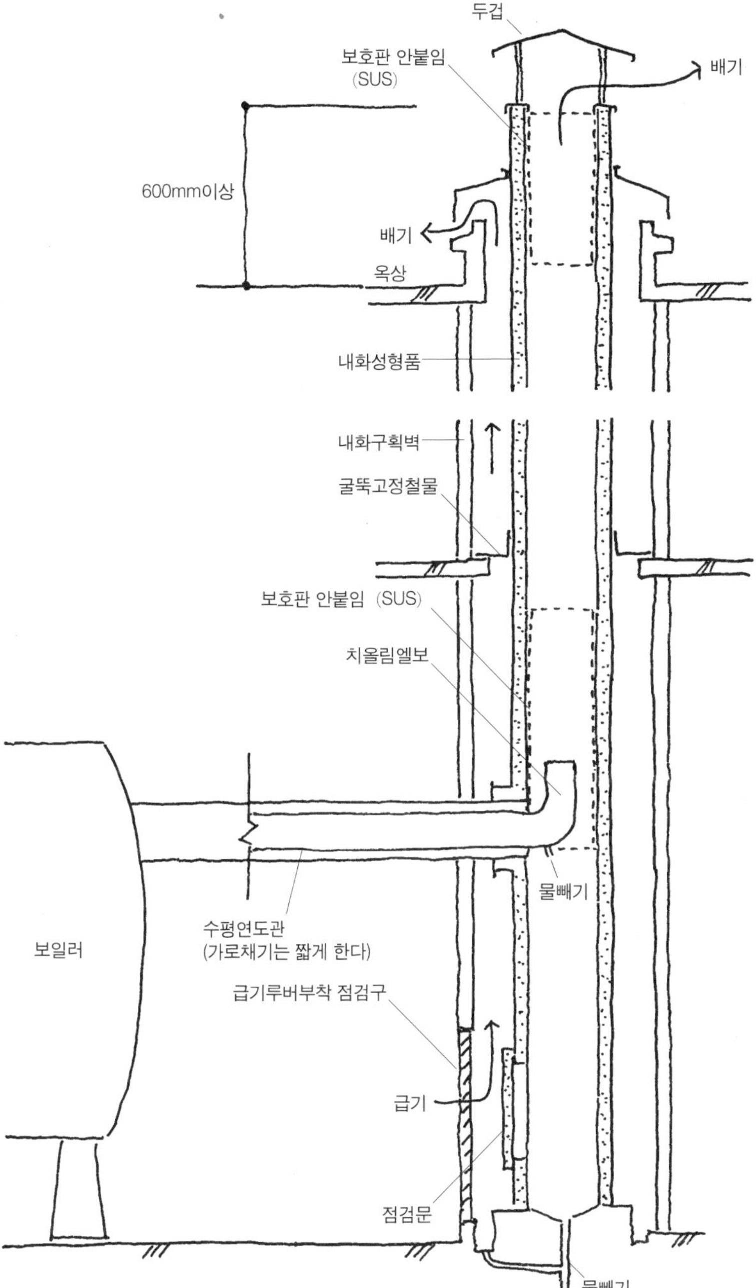
두겁
보호판 안붙임
(SUS)
배기
600mm이상
배기
옥상
내화성형품
내화구획벽
굴뚝고정철물
보호판 안붙임 (SUS)
치올림엘보
물빼기
보일러
수평연도관
(가로채기는 짧게 한다)
급기루버부착 점검구
급기
점검문
물빼기

그림1 굴뚝의 구조

082 가스기구의 급배기

가스를 안전하게 연소시키려면 신선한 공기(산소)공급과 연소에 의해 연소 폐가스를 배출하기 때문에 급 · 배기설비가 요구된다. 집합주택에서 가스 급탕기를 외벽에 설치하고, 공용부 개방복도 파이프 샤프트 내에 설치하는 경우에는 적절한 설치를 하지 않으면 불완전 연소를 일으키거나 배기통 탑에서 배출된 배기가스가 실내로 역류하거나 알루미늄 창호 등을 부식시킨다.

1. 가스기구의 급 · 배기방식

집합주택에서는 연립주택에서 사용하는 자연환기식 가스팬히터와 가스난로, 기계환기식 가스렌지의 개방 연소식 가스기기와 공용부 개방복도에 설치된 파이프 공간 안에 설치하는 가스 급탕기이나 발코니에 설치하는 옥외식 가스기기가 중요한 것이다. 가스기구를 안전하게 연소시키기 위해서는 흡입구와 환기구의 설치위치가 매우 중요하다.

2. 옥외식 가스기기의 설치 조건

① 공용부분 개방복도 파이프 샤프트 안에 가스 급탕기를 설치하는 경우에는 피난통로 폭을 1200mm 이상 확보하고, 배기통 탑의 하단은 바닥에서 1800mm 이상을 확보한다. 샤프트의 전면 도어의 상단과 하단에 각각 100cm^2 정도 이상의 환기구를 설치한다.

② 가스 급탕기의 배기통 탑과 공용부 개방복도에 설치된 개폐 가능한 창호까지의 이격거리는 600mm 정도 이격하면 실내로 배기가 역류하지 않는 것으로 알려져 있다.

③ 공용부 개방복도의 난간위치에 설치된 연립주택 현관문 전면도어인 은폐용 알루미늄 루버 등은 배기통 탑에서 800mm 정도 이격해 놓으면 좋다고 되어 있다. 풍향에 따라서는 배기가 은폐용 알루미늄, 루버에 직접 닿아 부식되어 백화현상을 일으키기도 한다.

이상의 배기통와 가연물 등과의 사이의 이격거리는 어디까지나 예측이며, 이 조건을 충분히 이해한 후 결정해야 한다.

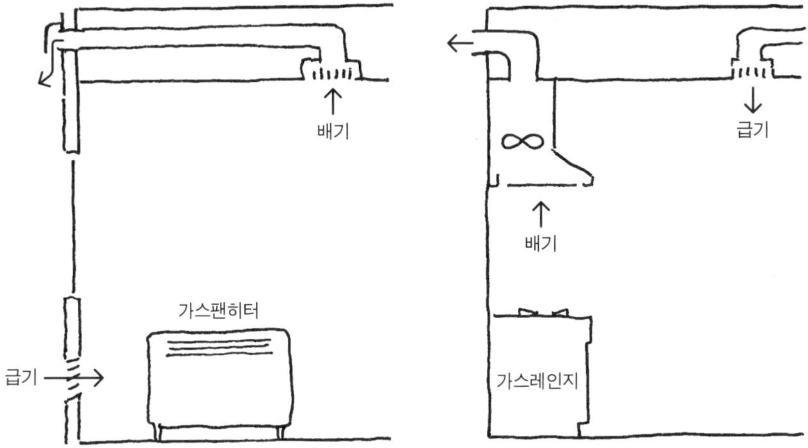

그림1 옥내 가스 기구의 급배기

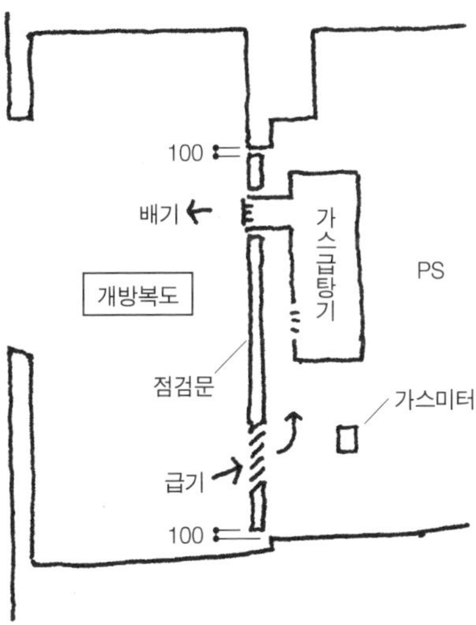

그림2 파이프 샤프트 설치 가스 기구의 급배기

방재 중고층 건축물에서 화재가 발생했을 때, 소방대 외벽 개구부에서 소방이나 구조활동을 실시한다. 소방활동용 개구부는 건축기준법에 규정된 비상용 진입구, 대체 진입구와 소방법에서 규정한 피난상, 소화활동상 유효한 개구부가 있다. 소화활동상 유효한 개구부는 소방법과 건축기준법에서는 다르기 때문에 주의가 필요 하다.

1. 건축기준법의 규정에 의한 소방활동용 개구부

건축기준법에서는 소방활동을 주로 한 목적으로 창고 등 거실이 없는 층에서도 용도에 관계없이 건축물의 높이가 31m 이하의 부분에서 3층 이상의 층에서는 비상용 진입구를 설치해야 한다. 진입구의 개구부는 폭 75cm 이상, 높이 X 1.2m 이상, 그 하단은 바닥에서 높이가 80cm 이하, 또한 대체 진입구인 경우, 지름 1m 이상의 원통이 내접하는 개구부 또는 폭 75cm, 높이 1.2 m 이상의 개구부로 규정되어 있다.

2. 소방법 규정에 의한 소방활동용 개구부

소방법에서는 건축물의 지상층(1층)에 피난 또는 소화활동상 유효개구부가 없는 경우는 창이 없는 층으로 하여 화재경보 시스템 등의 소방설비의 설치기준이 엄격해졌다. 소방활동용 개구부로 유효한 개구부가 있는 지상층을 보통층, 피난상 또는 소화활동상 유효한 개구부가 없는 층을 무창층(창이 없는 층)이라 말한다. 건축기준법의 창문이 없는 거실과는 달리 채광을 위한 창문의 유무와 크기와는 관계가 없다.

3. 소방법의 보통층(창이 있는 층_유창층)의 판정

보통층 · 무창층의 판정은 「층」이라는 판정단위가 되기 때문에, 1층이 일반층, 2층이 무창층, 3층이 보통층인 경우에는 층마다 소방설비 설치기준이 달라진다. 지하층은 창이 없는 무창층이 아니라 「지하층」으로 하여 방재설비 설치판정을 한다. 보통층은 무창층에 비해 소방설비의 설치기준이 크게 완화되기 때문에 소방시설의 설치비용은 크게 감소된다.

4 . 보통층(창이 있는 층)은

① 11층 이상의층에 있어서는, 지름 50cm 이상 원통이 있는 개구부의 면적의 합계가 해당층의 바닥면적의 1/30 이상을 초과하는 층

① 10층 이하의 층에 있어서는, 지름 1m 이상의 원통이 내접할 수 있는 개구부, 또는 폭 75cm 이상, 높이 1.2 m 이상의 개구부(대형 개구부)를 2개소 이상 있고, 개구부의 면적의 합계가 당해층의 바닥면적의 1/30 이상을 초과하는 층

③ 소방활동용 개구부는 유효 안치수를 확보하여 바닥에서 개구부의 하단까지의 높이가 1.2m 이내일 것 .

④ 개구부는 도로 또는 도로에 통하는 폭 1m 이상의 통로, 기타 공지에 접한 인접지경계선에서 담 등의 장애물이 있는 경우에는 인접지경계와 마찬가지로 1m 이상의 유효폭을 확보하는 것이 필요하다.

⑤ 개구부에 격자나 기타 피난을 방해하는 장애물이 없거나 외부에서 개방 또는 쉽게 파괴하고 진입할 수 있을 것.

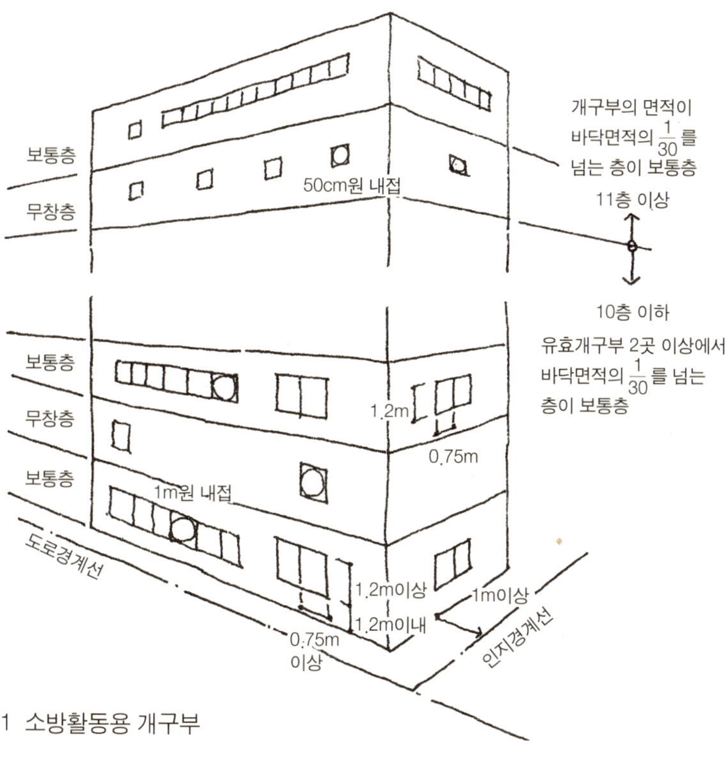

그림1 소방활동용 개구부

소방 물탱크의 유효용량

대규모 건축물과 고층 건축물의 소방용수로 여러 지하 피트를 연통관으로 연결 이용하여 소화 물탱크를 구성하는 경우의 저수량의 산정은 연통관에 의한 압력손실 계산을 하고, 소화 물탱크의 용량을 확보해야 한다.

1. 소방용수

소방법이나 도시 계획법에서 규정된 소화 물이용과 함께 소방수리나 소방지정수리는 소방대가 본격적으로 소화에 사용하는 소방설비이며, 소방용 실내 소화전, 스프링클러 거품소화, 옥외소화전 등으로 이용하는 초기화용 소방설비이다.

① 소방수리는 소방대의 소방활동에 필요한 물을 안정적으로 공급하는 급수전을 설치하여 유지 · 관리하고 있는 공공의 소방수 이용

② 소방지정수리와 공공의 소방수 이용만으로는 불충분 한 지역 등에서 사유 연못이나 우물, 수족관 등을 관리자의 승낙을 얻어 소방장 또는 소방서 장이 소방수 이용으로 소방수리로 지정한 것.

③ 소방용수는 대규모 건축물과 고층건축물에 대해서는 소방용 설비로 하여 방화수조 또는 저수지 등의 용수설치를 의무화 한 것

2. 소방물탱크(소방용)의 유효수량은?

소방물탱크는 건축물의 규모에 따라 필요한 유효수량이 정해져 있다. 1개의 소방물탱크의 유효수량은 20㎥ 이상으로 하고, 지하 피트를 연통관에서 복수접속하여 유효수량을 확보할 수 있다 . 단, 소방물탱크를 지반면 아래에 설치하는 경우는 지반면 아래 4.5m 이내의 부분의 수량이 유효수량이 된다.

3. 소방물탱크의 유효용량의 산정

소방물탱크는 필요 유효수량을 확정하고 물탱크 크기에서 수심을 결정하는 복수 지하 피트를 연통관에 접속하여 소방물탱크(지하 피트 물탱크)를 구성하는 경우는 연통관에 의한 압력손실 계산을 실시한 결과로 유효수량, 수위가 결정된다. 유효수심은 풋 밸브 상단의 흡입구에서 소방펌프의 흡입배관 크기의 1.65 배의 크기만큼 무효화가 된다. 또한 연통관 따라 이어지는 2조의 물탱크로 수위 차이

가 발생할 그만큼 수물 윗쪽 물탱크 유효수심이 무효화 되기 때문에, 유효수심의 계산을 수행하는 것이 무엇보다 중요하다.

● 수위차의 계산식 $H = \left(\frac{Q}{3.32A}\right)^2 = 0.09073\frac{Q^2}{A^2}$

A : 연통관 단면적 (m^2)
P : 펌프수량 (m^3/min)
Q : 연통관의 유량 (m^2s) = $\frac{P(m^3/min)}{60} \times \frac{b(m^2)}{a+b(m^2)}$
g : 중력가속도 9.8 (m/s^2)
H : 수위차 (m)
a : 펌프측 수조면적 (m^2)
b : 인접 수조면적 (m^2)

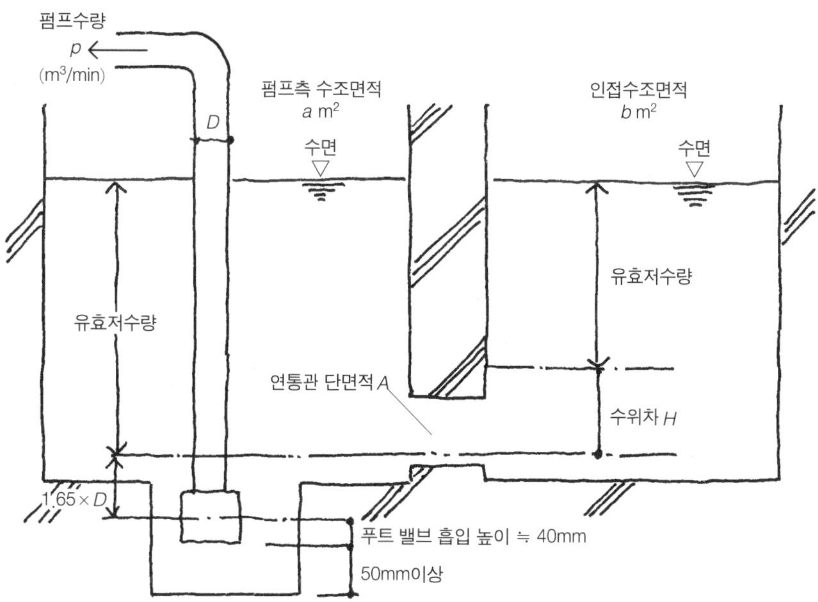

그림1 소화수조의 유효저수량

085 실내 소화전의 위치는 사용쪽을 상정한다

집합주택의 실내 소화전은 옥외 피난계단 근처에 설치되는 경우가 많다. 피난통로에 접해 설치되는 경우에는 피난에 방해가 되지 않도록 충분한 검토한다.

실내 소화전은 소방대가 도착할 때까지 건물 안의 거주자와 근로자 등 이른바 자율소방대 초기진화에 사용하는 소화설비이다. 실내 소화전은 문을 열고 호스를 늘려 사용한다. 소화전 상자에는 비상전화 등의의 통신기기가 수납되어 있는 경우도 있다. 그런 소화활동 중 주민은 피난계단을 사용하여 피난을 한다. 실내 소화전에 의한 소화활동이 피난에 방해가 되지 않도록 충분히 검토하여 실내 소화전의 설치 위치나 문열기를 결정한다.

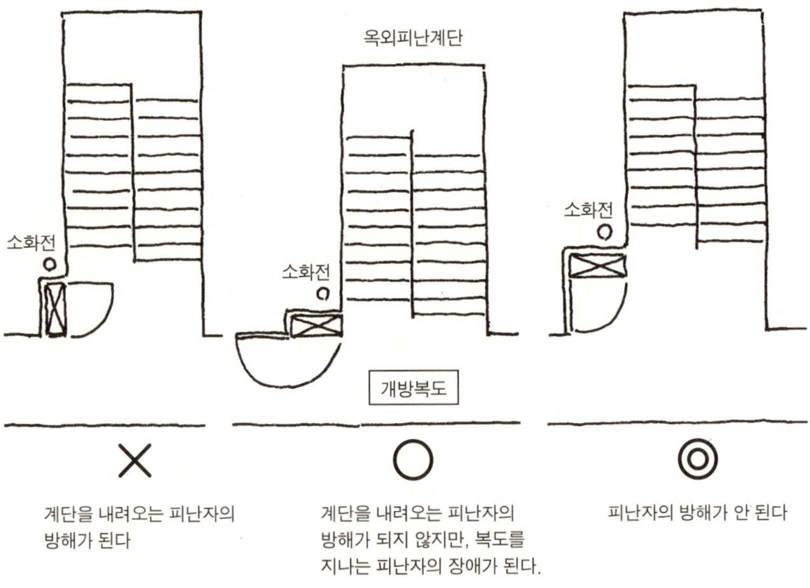

그림1 옥내소화전의 설치위치

소화기가 눈에 띄지 않는 곳에 있으면 만일인 경우에 소화기가 어디에 있는지 찾다가 당황할 수 있다. 비상시에도 모두가 빨리 소화활동에 사용할 수 있도록 잘 띄는 위치에 설치할 것

소화기의 목적은 초기화재를 제압하는 소화이고, 거의 화재는 초기소화단계에서 얼마나진화 할 수 있는지 여부에 의해 피해 규모가 결정된다.

소방법에서는 방화대상물(용도나 규모)에 의해 소화기의 설치 대수가 정해져 있다. 원칙적으로는 방화대상물의 층마다 보행거리 20m 이내마다 설치한다. 디자인을 고려하여 찾지 못하는 장소에 설치하기 때문에 만일인 경우에 소화기가 어디에 있는지 찾다가 어리둥절할 수 있어 눈에 띄는 곳에 설치하라는 규정되어 있지 않지만, 생명이 소중한 중요한 것이므로 현관과 엘리베이터 홀 근처 복도의 코너, 방 근처 등 쉽게 눈에 띄고, 알기 쉬운 장소에 설치하는 것이 중요하다. 보행거리와는 별도로 방재센터와 사무실 회의실 등의 중요한 방에는 자체적 설치를 권한다.

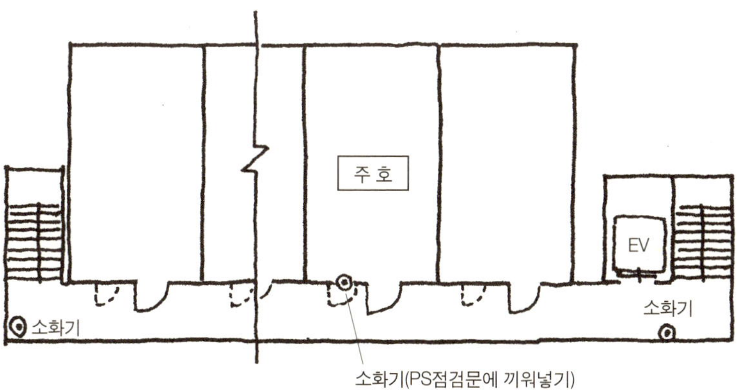

그림1 소화기의 설치장소

비상용 발전기의 연료 반입 경로

일정 규모의 건축물은 소방법과 건축기준법에 방재시설의 설치가 의무화되어 있으며, 비상시에 상용전원이 차단되어도 운전할수 있도록 3개월 1회마다 정기적으로 운전해보고, 비상시에 정상적으로 작동하는지 확인하는 것이 의무로 되어 있다. 비상시에 법적으로 의무화 되어있는 시간을 비상용 발전기가 운전하기 충분한 연료를 확보해야 한다.

1. 비상용 발전기에 연료 반입 경로를 확보

비상용 발전기가 건물 내에 설치되는 경우는 엘리베이터나 계단에서 발전기실까지의 경로가 확보되어 있지만, 옥상에 설치된 경우, 옥상에서의 옥상점검해치 또는 트랩 밖에 없는 경우는 연료공급이 곤란해진다. 쉽게 연료를 공급할 수 있도록 경로를 확보할 필요가 있다. 비상용 발전기의 연료의 대부분은 중유로 연료탱크에한 말 캔으로 공급하는 것이 일반적이다.

2. 비상용 발전기의 연료

비상용 발전기의 연료는 A 중유, 경유 또는 등유가 사용된 연료의 비축용량은 법에서 정한 운전에 필요한 용량에 유지 · 관리시의 운전에 필요한 용량을 더한 것이 필요하다. 방재설비의 예비전원으로 하는 비상용 발전기는 비용면에서 전용 연료 공급펌프를 설치하지 않는 것이 일반적이다.

연료 비축량에 의해 소량 위험물저장소에 해당하는 경우에는 신고가 필요하다.

3. 비상전원 확보는 소방법과 건축기준법에서 규정

상용전원이 차단되어 있어도 피난 또는 소화활동에 필요한 방재시설이 가동시키는 비상용전원은 소방법(실내소화전, 스프링클러, 소방배연설비)과 건축기본법(비상전원, 배연설비, 비상용 EV)로 규정되어 있다. 화재방재설비에 전원공급이 이루어지지 않으면 인명에 관련되는 중차대한 사태에 이르기 때문에 일상점검이의무화 되어있다. 사업자가 비즈니스 연속성을 위해 필요한 업무용 전원 예비전원으로 보안용 전원을 설치하는 경우에는 전기설비기준의 규정이 적용된다.

비상용 전원이란

비상전원은 화재가 발생하면 내부배선이 불의 열에 의해 단락, 과전류 차단기가 작동하여 정전된다. 건물 내에는 상용전원(일반전원)이 중단되고 암흑이 되고, 전기로 작동하는 방재설비나 소방설비는 사용할 수 없게 소화활동이나 피난에 큰 지장을 초래. 상용전원이 정전도 소화활동 등에 지장을 초래하지 않도록 즉시 다른 루트로 전원을 공급할 필요가 있다. 건축기준법에서는 예비전원, 소방법에서는 비상용전원으로 규정하고 있다.

소방법령상 비상용전원으로는

① 비상전원 전용 수전설비

②자가발전설비

③ 축전지설비

의 세 가지가 있다.

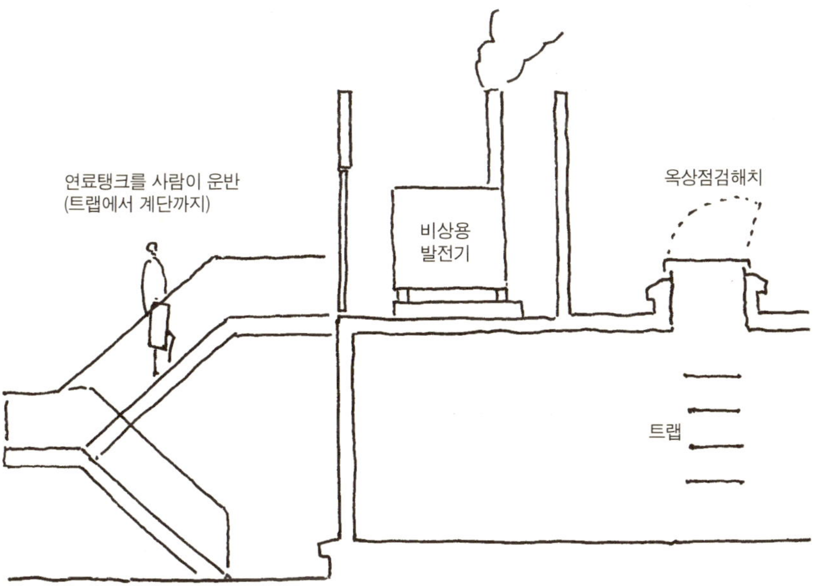

그림1 비상용 발전기의 연료반입 경로

설비전반
전기설비
공조설비
급배수설비
가스설비
방재설비
승강기설비

088 오일 탱크의 누유 대책

비상용 발전기의 연료로 기름탱크가 설치되는데, 비상용 발전기는 자주 사용되지 않기 때문에, 검사를 소홀히 하는 경우가 있다. 경년 변화에 따라 탱크나 배관의 열화에 기름 누유되는 경우가 있다.

오일 탱크의 오일 누출은 언제 일어날 지 알 수가 없다. 기름이 누유되면 위험하다는 것은 말할 것도 없다. 만일 누유되더라도 주변에 퍼지지 않도록 탱크설치위치에서 누유된 오일받이를 권장한다. 이를 위해 방유제의 높이는 오일 탱크 1개분을 오일받이할 만한 충분한 용량(높이)으로 한다. 이것은 법령에 의해 정해져 있기 때문에 규정을 준수하여야 한다. 누유경보기를 설치하면 좋지만, 일상점검이 중요하다.

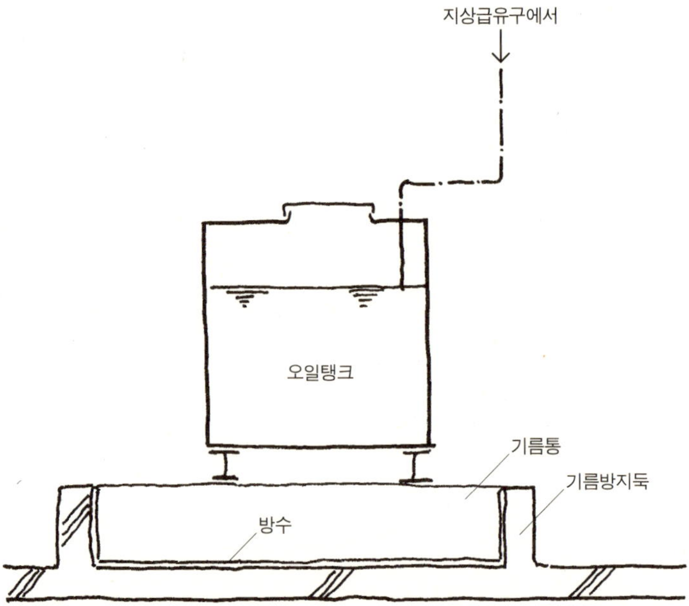

그림1 오일탱크의 누유 대책

089 낮은 위치의 스프링클러 헤드는 방호한다

소방지도에 따라 낮은 천장이나 계단 등에 스프링클러 헤드를 설치하는 경우가 있다. 그렇게 낮은 위치에 설치한 스프링클러 헤드에 실수로 접촉하거나 물건으로 부딪쳐 스프링클러를 방수시킬 수 있다.

계단이나 수납천장 등 손이 닿는 낮은 위치에 접촉할 우려가 있는 부분에 스프링클러 헤드를 설치하는 경우에는 스프링클러 헤드에 방호커버를 설치하여 접촉 방수 없도록 한다.

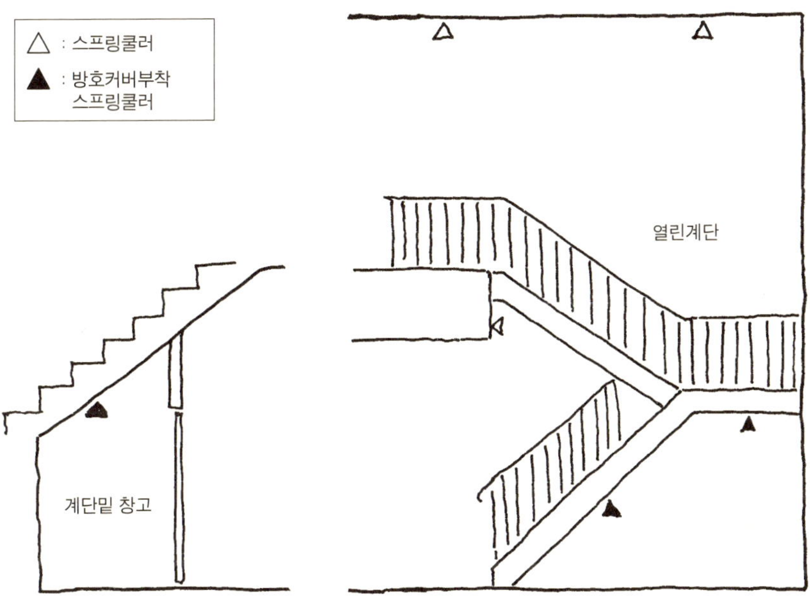

그림1 방호커버 부착된 스프링클러

090 피뢰도체 설치 포인트

대기중에 발생한 번개는 건물에 직접적인 충격으로 외벽 등을 파괴한다. 또한 건물 내부에 침입한 유도낙뢰는 절연파괴를 일으켜 건축설비에 장애를 초래한다.

1. 측면낙뢰에서의 보호대책

피뢰설비는 낙뢰의 손상을 최소화할 수 있도록 건물의 높이가 60m를 초과하면 건물의 모서리나 집합주택의 최상부 발코니, 지붕의 처마 맨 끝부분은 피뢰설비의 보호각 내에 있더라도 측면 낙뢰에서의 보호대책이 필요하다. 별도의 지붕 위에 피뢰침 설치하는 것이 바람직하다(그림 1 ①).

2. 피뢰설비 설치의 유의점

① 건물 높이가 60m 이상이 되면 구 JIS의 피뢰침은 측면낙뢰에 의한 낙뢰는 막을 수 없기 때문에 신 JIS의 기준에 따라 피뢰설비를 설치한다.

② 옥상에 옥탑방 등의 옥상 돌출물이 없으면 200m² 이내 메쉬형태에 별도로 올린 피뢰침을 설치한다. 별도로 올린 피뢰침의 보호범위는 피뢰침에서 수평거리로 10m 이내로 한다

③ 난간(패러핏) 코너 단부는 보호범위에서 제외 쉬우므로 별도로 올린 피뢰침은 지붕 위 단부에서 돌출하여 설치할 필요가 있다

④ 금속 수직지지대나 옥상 외주부에 설치된 금속난간(그림 1 ②)은 서로 전기로 접속하면 별도로 올린 피뢰침으로 사용할 수 있다. 유지 · 관리용 트랩이나 철골계단이 별도로 올린 피뢰침에서 돌출하는 경우, 별도로 올린 피뢰침에 전기로 연결하여 보호하면 된다.(그림 2 ①)

⑤ 근처에 낙뢰가 배전선이나 통신선을 통해 건물로 침입하여 전자기기의 오동작이나 건축설비의 장애를 일으킨다. 전자기기 보호를 위한 새시보호 장치(SPD)의 설치가 필요하다.

⑥ 옥상의 설비기기와 피뢰침과의 이격거리는 1.5m 이상 확보한다. 옥상이 좁아 이격거리 확보가 곤란한 경우는 접지극(본드 접지)을 설치(그림 2 ②).

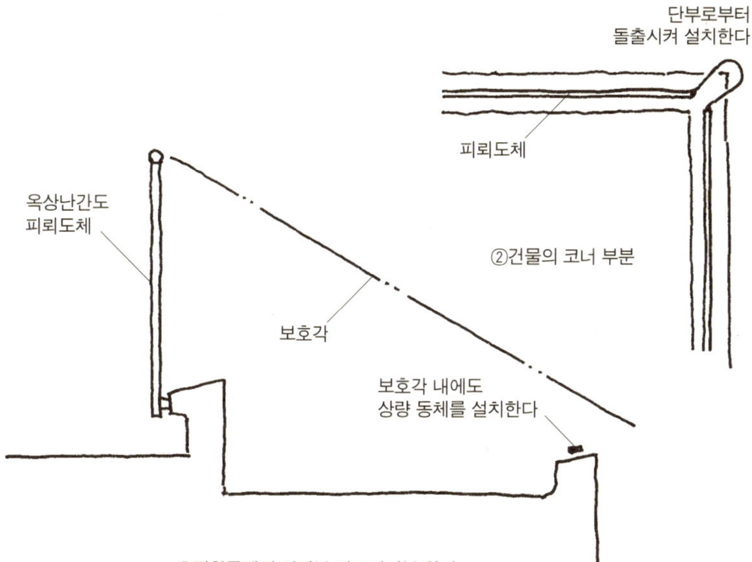

①집합주택의 최단부 발코니지붕 차양

그림1 건물높이 60m 이상인 경우

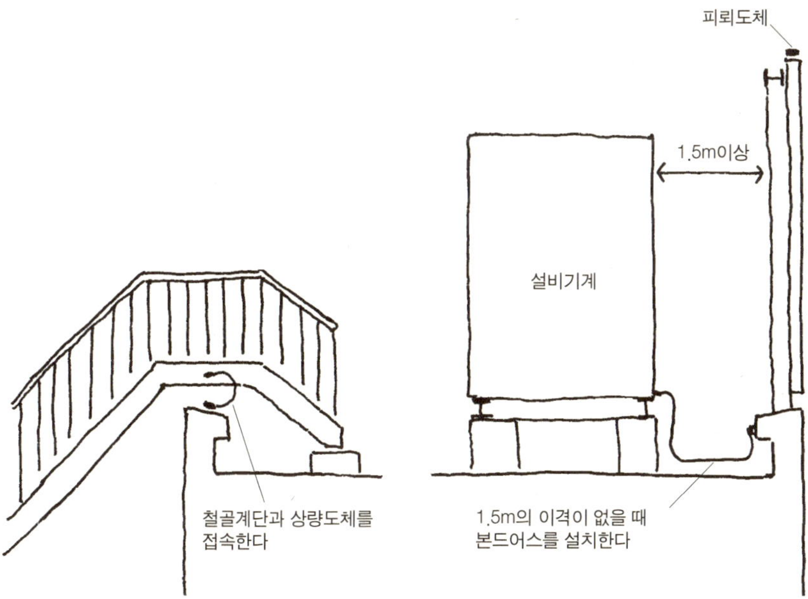

①철골계단인 경우

②설비기구인 경우

그림2 피뢰도체의 설치

091 피뢰도체가 외벽을 오염시킨다.

피뢰설비의 수뢰부재를 구리와 철을 사용하면 수뢰부에서 녹이나 부식이 발생하여 외벽을 오염시킨다.

피뢰설비를 구성하는 수뢰부에 사용하는 재료는 JIS A 4201에 규정된「피뢰시설」에 준거한 구리 또는 알루미늄이 대세이고, 거기에 철도 있다. 녹이나 부식의 발생으로 외벽을 오염할 우려가 있는 구리와 철의 재료는 피하고 알루미늄제의 피뢰침 사용한다.

별도로 위로 올린 피뢰침의 일부로서 수뢰부에 철제 수직지지대나 파이프 난간을 사용하는 경우도 강풍우에 노출되어 시간의 경과에 의한 열 · 노화에 의해 녹이 발생한다. 그것이 외벽으로 흘러내려 오염이다.

〈유의점〉

① 구리 연선은 녹청이 발생하여 외벽을 오염시키기 때문에 별도로 위로 올린 피뢰침에 사용하는 것은 피한다. JIS A 4201의 규정에 따라 알루미늄 연선 또는 알루미늄 플랫 바(FB)를 채용한다

② 동(구리)제 난간 등을 수뢰부에 사용하는 경우는 JIS A 4201에 규정된 구조체이용 수뢰부 동제부재를 사용하여 방청조치를 취한다. 아연합금인 것도 수뢰부에 사용할 수 있다.

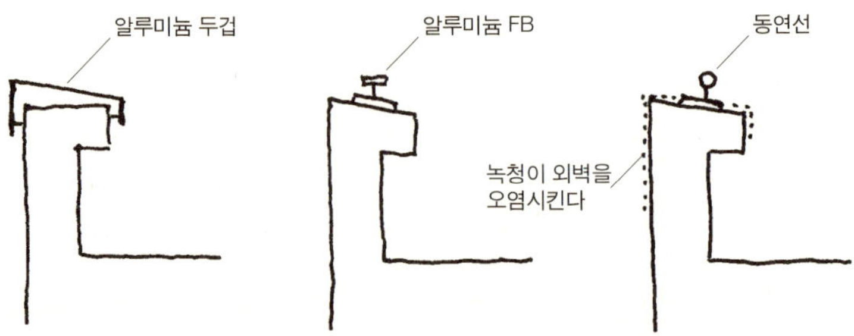

그림1 마루위 도체

옥상에 설치된 피뢰침은 강풍시에는 풍압에 의해 피뢰침의 진동이 구조물로 전달되고 아래층 거주자에게 불쾌감을 주게 되고, 피뢰침 자체가 초래하는 진동 공해를 발생시킬 수 있다.

피뢰침 지지고정방법은 독립형과 측벽형의 두 종류가 있다. 자립형 피뢰침이 전체길이가 6m를 초과하면 강풍시의 흔들림으로 구체에 공진하여 아래층의 거주자에게 불쾌감이나 진동공해를 주게 된다. 집합주택에서는 수뢰부는 별도의 지붕 위위로 올리는 피뢰침하는 것을 추천한다.(그림 1 ①)

측벽형 피뢰침인 경우는 지지고정방법을 확실하게 시공하면 구체에서의 진동 동반 전달을 억제 할 수 있다.(그림 1 ②)

피뢰침지지 대한 풍압하중은 건축기준법의 규정에 의한 지역 계수에 의해 설계 반드시 구조 설계자와 협의하여 지지고정방법에 대한 자세한 결정한다.

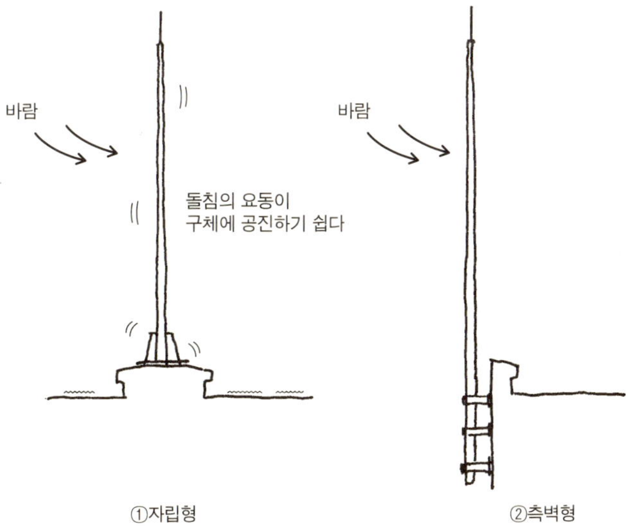

그림1 피뢰침의 지지방법

엘리베이터 설치공사는 건축기준법이나 동법 관련법령「승강기 기술 기준 해설」[일본건축설비 · 승강기센터 일본엘리베이터협회) 등의 기준을 준수하여 확인 신청이 필요하다.

1. 건축에 행해지는 엘리베이터 관련 공사

엘리베이터 설치 공사에 따라 건축기준법에 규정되어 있는 건축에서 실시할 관련 공사가 있다.

① 승강로의 벽은 내화구조로 한다.
② 승강로의 개구면적, 피트 깊이, 꼭대기정상부 틈새는 필요치수를 확보한다.
③ 자동 화재 경보설비를 설치한 건물은 승강로에 화재감지기를 설치한다.
④ 피트에 지하수가 침입할 우려가 있는 방수공사를 한다.
⑤ 피트는 반드시 점검용 트랩을 설치한다.
⑥ 엘리베이터 승강로 내에는 빗물이 침입하지 않는다. 승강장을 향해 강풍 · 풍속 7m/초 이상이 부는 경우에는 방풍대책이 필요하다.
⑦ 승강로 내의 온도는 -5 ~ 40℃ 이내를 유지한다.

2. 투명엘리베이터

엘리베이터는 건물 내부 천정 공간에 설치 것과 건물 외벽에 덧대어 밖으로 설치하는 타입이 있다 .

① 건물 내부 오픈공간에 만 설치하는 투명엘리베이터
건물 내부 오픈공간에 만 설치하는 투명엘리베이터 승강로는 방화피난규정의 취급(국토교통성)에서 오픈공간과 일체로 취급되기 때문에 내화구조의 벽으로 구획할 필요는 없다. 엘리베이터 승강로가 오픈공간보다 상층 부분 또는 아래층 부분에까지 연결된 부분은 내화구조의 벽으로 구획할 필요가 있다.

② 건물 외벽에 따라 덧대어 설치하는 투명엘리베이터
건물 외벽에 따라 덧대어 설치하는 투명엘리베이터 승강로는 방화피난규정의 취급에서 외벽 창문의 취급이 내화구조의 벽으로 둘러쌀 필요는 없다. 연소의 우려가 있는 범위에 설치하는 경우에는 방화조치가 필요하다.

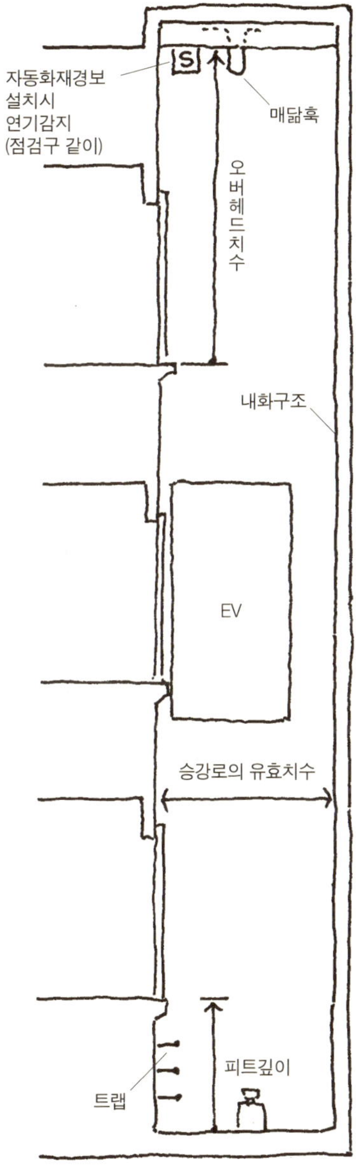

그림1 엘리베이터의 관련 공사

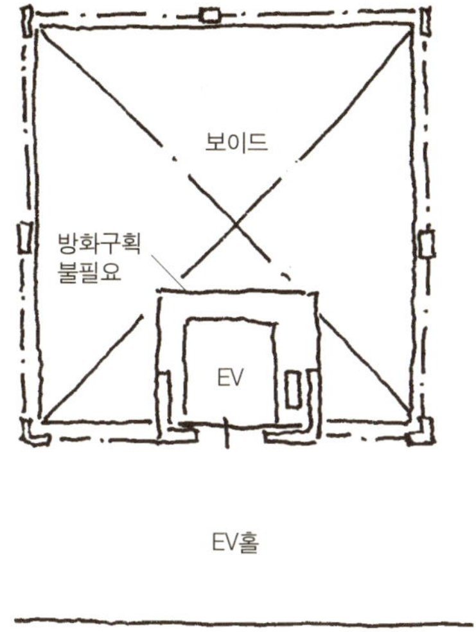

그림2 열린 공간에 면해 설치한 투명 엘리베이터

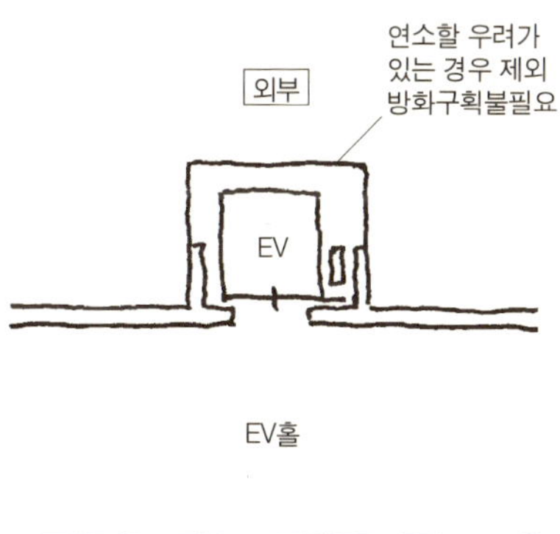

그림3 외벽을 따라 설치된 투명 엘리베이터

094 엘리베이터 피트의 용수대책

건축기준법에서는 엘리베이터 피트에 지하수 침입될 우려가 있는 경우의 용수대책으로서 엘리베이터 피트를 방수처리하도록 규정하고 있다. 대지 안의 지하수 위의 상수면을 확인하고, 엘리베이터 피트 바닥이 상수면보다 낮은 경우는 지하수의 용수대책을 실시한다. 지하수위는 연간 다르기 때문에 높은 위치에서 검토한다.

1. 엘리베이터 피트의 용수대책

엘리베이터 피트에 지하수가 침입되면 안된다. 지하수의 용수가 많은 곳에서는 엘리베이터의 운행과 정기점검에 지장을 준다. 엘리베이터 피트에 용수가 침입하면 엘리베이터 정기점검시에 손으로 퍼 올려야 하는 것이다. 엘리베이터 피트 내부를 도막방수하는 경우도 많지만, 외부쪽에서 수압에 대한 방수효과가 적기 때문에, 용수대책을 설계단계에서 생각하고 미리 예측해 두어야 한다.

[엘리베이터 피트에용수대책] (그림 1)

① 지하수 위가 높은 대지에서는 지하 외주벽에서 이격하여 엘리베이터 피트를 계획한다. 외주벽에 접하여 설치하는 경우는 좀 외주 벽은 이중벽으로 한다.

② 엘리베이터 피트의 바닥판 투수 매트를 끼운 이중바닥으로 한다. 지하 외주벽에 설치한 이중벽에서의 침입수도 여기로 유도시켜 배수를 한다.

③ 엘리베이터 피트 주위의 바닥판을 엘리베이터 피트보다 깊게 하고, 집수하는집수피트를 설치한다.

④ 엘리베이터 샤프트 지하 부분은 용수대책으로서 외부방수로 시공하는 것이 바람직하다.

2. 엘리베이터 피트와 다른 물탱크는 빈피트를 설치

용수대책뿐만 아니라 인접한 물탱크에서 누수가 되지 않기 위해, 엘리베이터 피트와 소방물탱크나 오수조 등의 물탱크와 격리하여 계획한다. 엘리베이터 피트와 탱크 사이에 빈 피트를 설치하면 된다. 관련하여 오수조 주위는 빈 피트에 하는 것이 위생상 안심이다(그림 2).

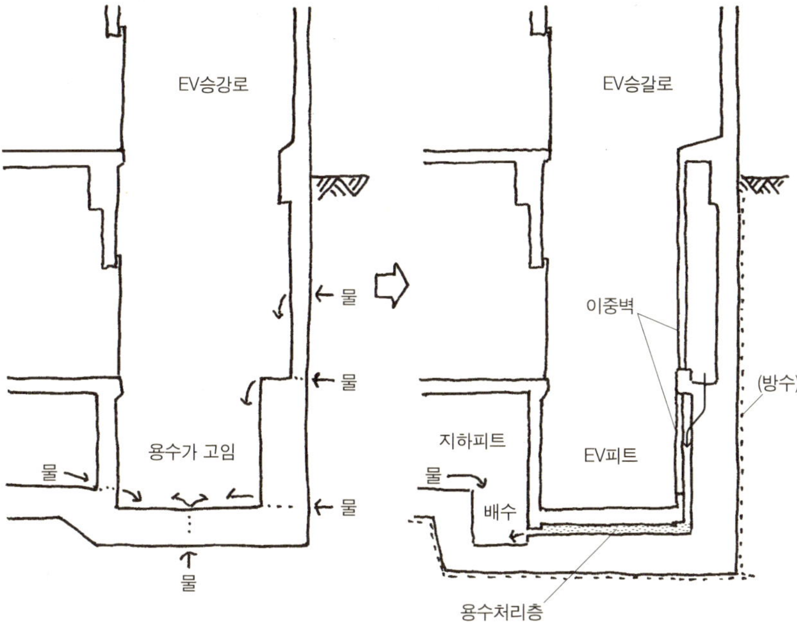

그림1 엘리베이터 피트의 용수대책

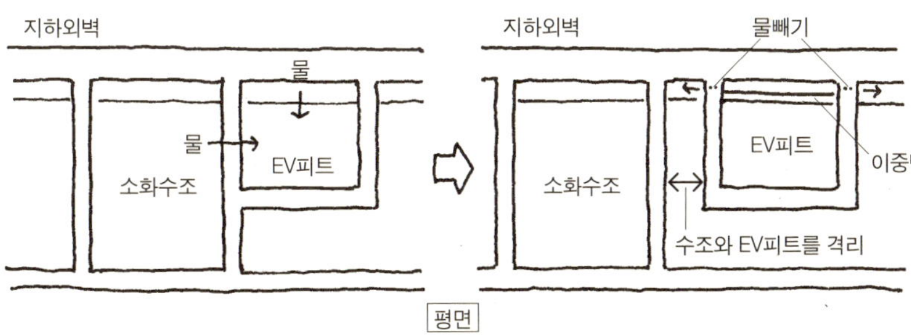

그림2 엘리베이터 피트와 수조

095 엘리베이터 승강로에 빗물이 들어가지 않게

집합주택의 공용부분 개방복도에 접하여 엘리베이터를 설치하거나 공용복도 등 보이드 옥외에 접하여 엘리베이터 승강구를 설치하는 경우, 방풍 스크린 등으로 침입수대책을 하지 않으면 강풍우시에는 엘리베이터 샤프트 안으로 비가 오픈 피트안으로 빗물이 침입한다.

1. 집합주택의 개방복도에 설치한 엘리베이터에 빗물 침수방지대책

중간층의 개방복도에 접하여 엘리베이터를 설치하는 경우, 강풍우시에는 빗물이 개방복도으로 유입되어 바람에 눌려 물이 엘리베이터 샤프트 내에 빗물이 침투 할 수 있다. 엘리베이터 승강장 바닥은 개방복도에서 물매 1/50 정도 확보하여 엘리베이터 문 앞에서 배수구를 설치하여 빗물의 침입을 막는다. 엘리베이터 문 주위는 소매벽이나 방풍 스크린 등으로 비가 유입되지 않도록 한다.

1층(접지층) 엘리베이터 승강장 바닥은 대지 지반면보다 높게 하여 빗물의 침입을 방지한다. 최근에는 예상치 못한 게릴라성 집중호우가 발생하여 각지에서 물에 대한 피해가 속출하고 있다. 대지가 경사지로 되어있는 경우, 집중호우시 도로에서 흘러넘친 물이 1층 엘리베이터 승강장 바닥으 들어와 침수될 우려가 있다. 강우량은 안전율을 높여 빗물 배수계획을 하여 엘리베이터 승강장의 바닥 높이를 설정하는 것이 좋다(그림 1).

2. 공용복도 등에 설치한 엘리베이터에 빗물 유입방지대책

엘리베이터를 공용복도에 설치하거나 건물 옥상 외부에 접해 착상시키는 경우는 직접 엘리베이터 문으로 비바람이 분사되지 않도록 대책이 필요하다. 엘리베이터 승강장 상단에 차양을 설치하여, 소매벽이나 방풍 스크린으로 에워싼다. 엘리베이터 승강장 출입구의 높이는 주변 바닥의 마감면보다 높게 하여, 엘리베이터 문 앞에서 배수구를 설치하여 바람에 눌려 들어오는 빗물을 배수한다. 엘리베이터 문 아래 프레임은 방수층을 감아올려 물끊기 라인을 확보하여 샤프트 내에서의 빗물의 침입을 방지한다(그림 2).

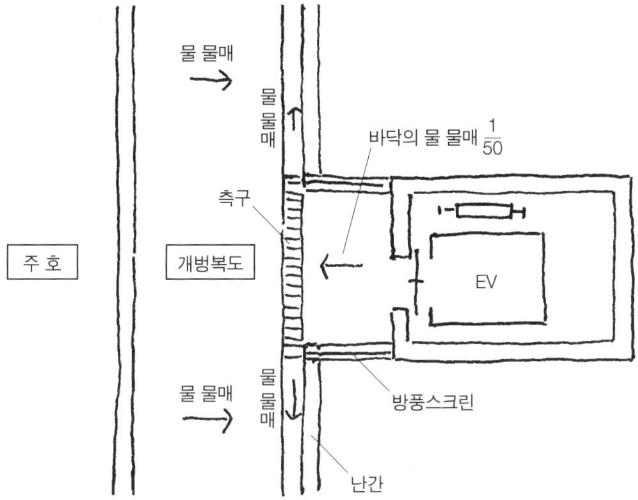

그림1 개방복도의 엘리베이터 승강장

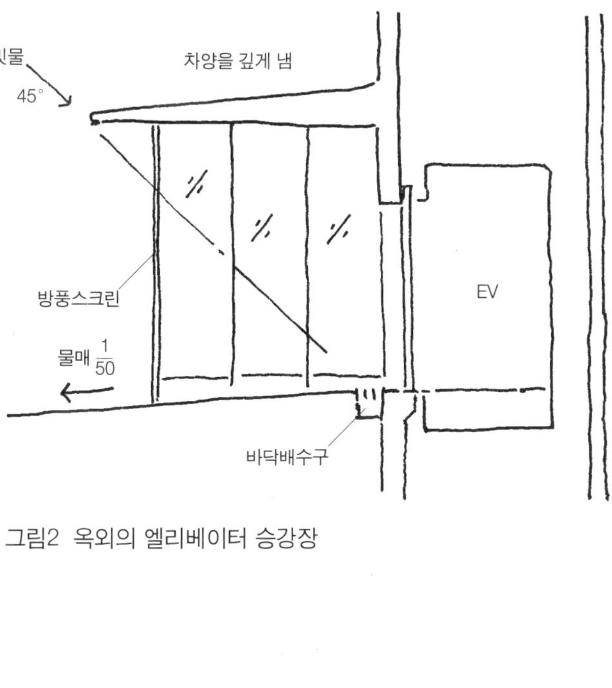

그림2 옥외의 엘리베이터 승강장

오픈공간이 있는 중고층 건물에서는 방제실의 자동문이나 엘리베이터 문 사이로 들어오는 바람소리가 난다. 건물 내에서 외부로 문을 열때, 문을 열기 어렵다. 반대로 거세게 문이 닫혀져 위험하다. 또한 문을 열면 강풍이 유입되는 등의 현상이 발생할 수 있다.

1. 엘리베이터 샤프트 굴뚝 효과에 의한 드래프트가 발생

중고층 빌딩에 보이드 공간을 설치한 경우에는 따뜻해진 공기가 상승기류에 의해 아래층의 기압이 낮아지는 현상이 일어난다.

겨울철에는 건물 안과 밖의 온도차와 외기와의 압력 차이가 발생하여 엘리베이터 샤프트와 계단실, 아트리움 등의 보이드 공간으로 상승기류가 발생하여「굴뚝 효과」에 의한 드래프트가 발생한다. 창호 주위의 외풍이 유입되어 바람 소리의 발생이나 문의 개폐가 곤란해진다.

2. 드래프트 현상의 방지책

드래프트 현상의 방지책으로는 건물 안과 밖의 압력차이를 없애기 위한 것이다. 건물 출입구에 방제실을 설치하여 이중문으로 하고 버퍼존을 설치하는 것이 가장 일반적인 대책이다. 그러나 출퇴근 시간대처럼 많은 사람이 출입하면 안과 밖 2개의 방제문이 동시에 개방된 상태가 된다. 회전문(리볼딩 도어)은 많은 사람들이 출입하더라도 외기의 유입이 없어서 냉난방한 공기의 교체가 적고 에너지낭비가 적다. 회전문은 안과 밖의 압력차이가 아무리 높아도 문을 회전시키는 힘은 변하지 않는다. 다수의 이용자가 동시에 출입할 수 있도록 대형화, 자동화하는 것이다. 화재시의 피난을 위해 회전문에 인접하여 여닫는 문이 필요하다.

3. 공조설비에 의한 드래프트 방지책

공조설비에 의존하는 완벽한 방지책은 없지만, 엘리베이터 기계실 배기량을 줄이려면 급기과다가 되도록 계획한다.

침입하는 외풍량을 줄이려면 엘리베이터 기계실 안을 정압으로 유지하는 것이 중요하다. 환기설비의 정지도 고려하여 환기설비 연동 댐퍼의 설치를 권장한다.

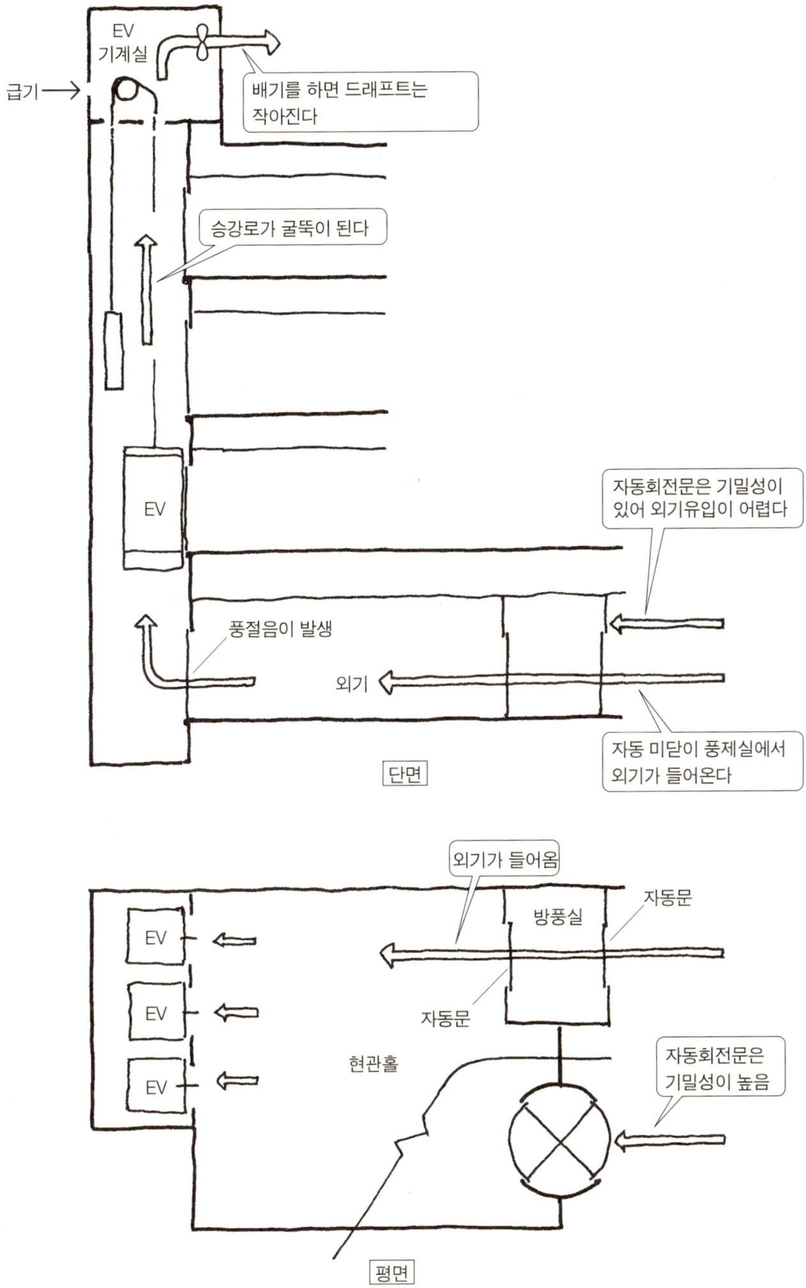

그림1 엘리베이터 승강로의 드래프트

엘리베이터 기계실은 전동기, 저항기 등의 발열로 온도가 높아져 기기의 기능 · 성능에 영향을 주고, 여름철에는 보수 · 검사에도 지장을 준다. 실내온도를 40℃ 이하로 유지되도록 환기설비 또는 공조설비를 설치하도록 승강기기술기준해설(2016년 버전) (일본건축설비 · 승강기센터 일본엘리베이터협회)에서 기술지침이 표시되어 있다. 기계실이 없는 엘리베이터도 마찬가지로 여름철의 일사에 의한 승강로 내의 온도가 상승할 우려가 있는 경우는 40℃ 이하로 유지하도록 규정하고 있다. 엘리베이터박스 쿨러 등의 큰 전력을 소비하는 기기를 설치하는 경우는 그 기기의 방열량을 고려한다.

1. 엘리베이터 기계실은 실온 40℃ 이하로 유지

승강로 외부의 일사와 외부 온도의 영향을 받기 쉬운 구조인 경우 승강로 내의 온도 상승을 억제하기 위한 환기설비 또는 공조설비가 필요하다. 승강로 내의 최상부 온도가 상승하여 40℃ 이상이 되면, 채광설치 등 안전장치가 작동하여 엘리베이터를 정지시켜라.

2. 기계실이 없는 엘리베이터인 경우

기계실 없는 엘리베이터인 경우, 구동장치(감는 기계)등이 승강로 내에 설치되어 있지만, 구동장치에 의한 온도 상승이 7℃ 이하인 경우, 승강로 내의 온도가 40℃ 이하로 유지되는 경우에는 환기설비 또는 공조설비는 불필요하다.

3. 투명 엘리베이터인 경우

투명 엘리베이터인 경우는 승강로의 외벽면이 전면유리로 구성되어 있는 경우, 여름철에는 일사와 외부온도의 영향을 받아 승강로 내의 온도가 40℃ 이상이 될수 있다. 그 경우는 구동장치와 제어장티가 이 승강로 내에 설치되기 때문에 지장을 준다. 승강로 내 온도를 40℃ 이하로 유지하기 위해 환기설비나 공조설비가 필요하다. 여름철에는 승강로 하부의 환기구에서 외부공기를 유입시키고, 승강로 최상부 환기구에서 더워진 공기를 빼내는 제3종 기계환기 또는 자연환기가 유효하다.

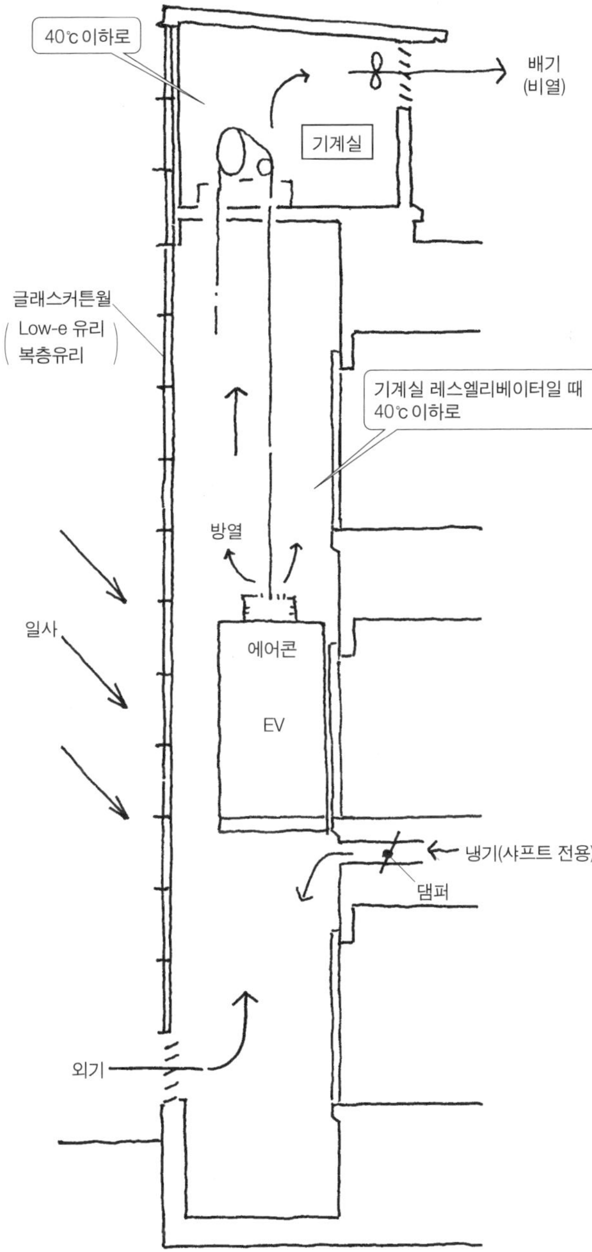

그림1 엘리베이터의 승강로

집합주택인 경우, 주거지역은 조용한 환경을 위하여 엘리베이터 감는 기계나 제어반 등의 기기의 진동이나 엘리베이터박스 · 카운터 웨이트 주행시의 진동이 건축 구조자체로 동반전달하여 연립주택에 전달된다. 엘리베이터의 대형기기와 고속엘리베이터를 채용하면 거실소음 레벨은 더욱 더 증대된다. 기계실이 없는 엘리베이터인 경우, 소음 · 진동은 적지만, 감는 기계의 설치위치에 가까운 연립주택은 구조자체로 동반전달하는 진동이 전달된다.

1. 집합주택의 엘리베이터는 별채에

건물에 엘리베이터는 원칙대로 별채로 한다. 개방복도를 통해 엘리베이터를 배치하고, 개방복도와 승강로는 EXp.J에서 절연한다. 계획상 별채가 없는 경우, 승강로나 기계실은 거주공간과 최대한 거리를 두고 설치하고, 거주공간과 승강로 사이에 파이프 공간과 화장실, 유닛배스, 세면대, 주방, 부엌 등으로 완충지대를 설치하면 된다.

2. 구조자체로 동반전달하는 진동음이 문제

엘리베이터가 주행할 때에는 엘리베이터박스나 카운터 웨이트의 주행음이 발생한다. 엘리베이터박스가 승강로 내를 주행함으로써 발생하는 풍절음이나 층통과음은 승강로를 최대한 넓게 확보하여야 보 등의 돌출길이를 최대한 제거함으로써 줄일 수 있다.

문제가 되는 것은 엘리베이터의 주행음보다 감기 기기나 제어실 등에서 발생하는 구조자체로 동반전달하는 진동소음이다. 연립주택에 대한 진동소음의 유효대책은 연립주택 거실과 승강로가 접하는 경우는 연립주택의 벽 · 바닥 · 천장 절연하여 방진사양으로 해야 한다.

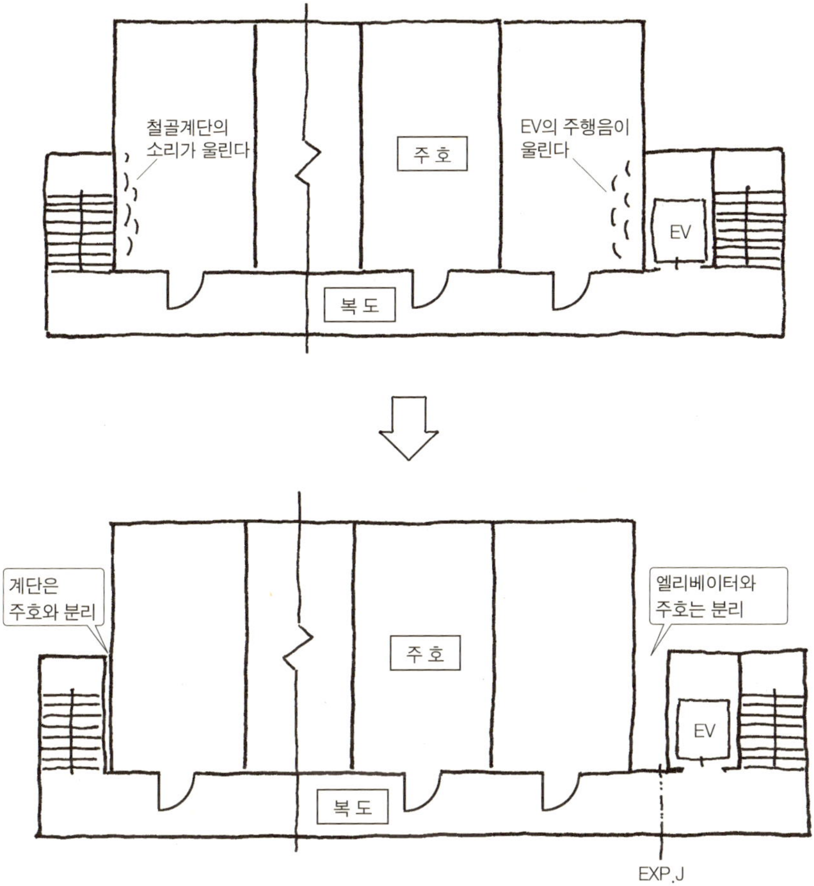

그림1 집합주택의 엘리베이터

099 엘리베이터 인디게이터는 필요한가?

엘리베이터 승강구 로비에서 엘리베이터 박스 위치를 표시하는 방법으로 인디케이터(indicator)방식과 홀 랜턴방식이 있다. 인디케이터는 설치된 여러 대의 엘리베이터 각각의 박스가 어느 층에 있는지를 표시한다. 홀 랜턴방식은 엘리베이터박스의 상하 이동방향은 볼 수 있지만 지금 어느 층에 엘리베이터박스가 있는지를 표시하지 않는다. 어느 방식을 채용하든 건물의 규모, 용도에 따라 결정된다.

1. 엘리베이터 여러 대의 관리시스템

하나의 건물에 여러 대의 엘리베이터를 설치는 경우는 컴퓨터에서 하나의 군으로 관리되는 것이 일반적이다. 이용자가 승강장에서 버튼을 누르면 각 엘리베이터의 위치나 탑승율에서 소비전력을 추정하여 운영 효율성과 에너지절약을 양립하는 엘리베이터박스를 선택하고, 배치 엘리베이터박스를 제어하여 대기시간을 단축하고 완만한 운전을 실현한다.

2. 홀 랜턴 방식

홀 랜턴방식은 승강 로비에 각각의 엘리베이터마다 상승 · 하강 중인지를 홀 랜턴으로 표시한다. 불특정 다수의 사람이 이용하는 업무빌딩에서는 운영효율성과 에너지절약의 관점에서 엘리베이터를 무리로 관리하는 것이 일반적이며, 군관리 엘리베이터는 컴퓨터제어로 연결되어 있어 가장 가까운층을 지나갈 수 있다. 홀 랜턴방식은 엘리베이터박스의 위치를 표시하지 않아 당혹스러울 수 있다(그림 1①).

3. 인디케이터 방식

병원에서는 승용 엘리베이터와 의료전용 엘리베이터로 구분하는 것이 일반적이지만 중 · 소병원인 경우는 건물규모에 관계에서 구분하지 않고 2 ~ 3대를 겸용하여 설치할 수 있다. 홀 랜턴방식을 채용한 경우에는 엘리베이터박스 위치가 표시되지 않기 때문에 대기시간이 얼마나 되는지 판단할 수 없다. 의사 등의 의료종사자가 긴급히 이동할 때, 엘리베이터박스 위치가 표시되어 있으면 엘리베이터를 기다릴 것인가, 계단을 이용할 것인가의 판단을 한다. 건물용도가 병원인 경우, 인디케이터의 필요 여부와 엘리베이터의 제어방식에 대해 충분히 협의하고

결정해야 한다.(그림 1②)

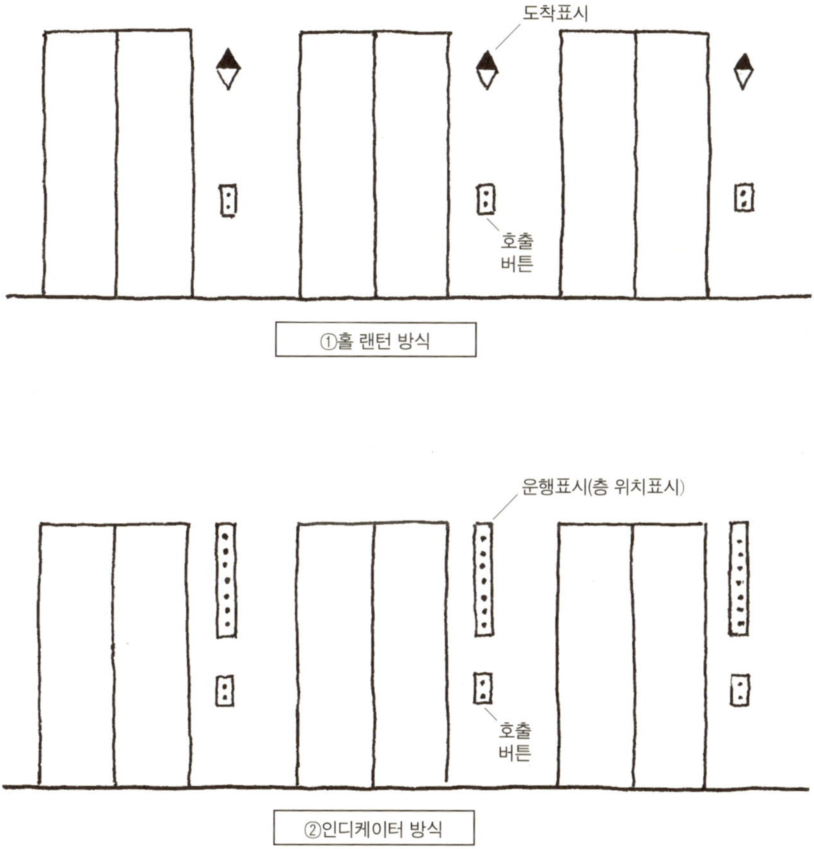

그림1 엘리베이터의 표시

아이나 노인이 승하차시 디딤판이 전도하거나 에스컬레이터 이동 난간과 건물의 틈새에 끼거나 충돌하는 사고가 발생한다. 동일본 대지진이 일어나고 여진에 의해 쇼핑센터의 에스컬레이터 본체가 낙하하는 사고가 발생했다.

1. 사람에게 친화적인 에스컬레이터

에스컬레이터 승강 속도에 있어서도 역이나 병원 등의 불특정 다수의 사람이 이용하는시설에 설치하는 경우, 규격형 표준속도 30m/min 기종을 채용하는 것이 아니라, 전도방지나 안전대책을 실시한 15 20m/min의 속도 사양의 기종을 채용한다. 노인이나 어린이 친화적이지만 휠체어에 앉은 채로 승강시키는(2개 이상의 디딤계단을 동일면에서 유지고정장치도 설치) 타입도 개발되고 있다. 옥외에 설치하는 에스컬레이터는 지붕이 있어도 비의 흩뿌림에 의해 바닥이 젖어 미끄러져 넘어질 우려가 있다. 승강장의 바닥은 물끊기를 배려한 마감재로 하고 바닥배수를 확실히 할 필요가 있다.

2. 안전대책

건축기준법에서 안전대책을 요구하고 있지만 그에 부가하여 건물 용도에 대응 운영상의 소프트대책에 맞추어 실시하는 방안을 검토한다. 에스컬레이터의 물매에 따라 디딤계단의 정격속도도 정해져 있다.

[에스컬레이터 승강장 부근의 전락방지책]

2대병렬 에스컬레이터 틈새에 추락방지판과 유도 손잡이을 설치한다.

[에스컬레이터 이용 · 전락방지책】

① 보이드에 설치하는 경우에는 에스컬레이터에 부합하고, 전락방지스크린(투명 폴리 카보네이트, 높이 1500mm 정도)을 설치
② 대2병렬 에스컬레이터 틈새에는 추락방지용 안전판을 설치한다.

[어린이의 장난에 의한 사고방지]

이동난간에 뛰어서 올라가지 못하도록 방지판을 설치한다.

3. 지진시의 에스컬레이터의 탈락방지

에스컬레이터지지 트러스는 1단 고정지지(한쪽 끝 고정하여 다른쪽 끝을 슬라이딩 운동하는 상태) 혹은 양단 비고정상태(양쪽 슬라이딩 상태)로 지지하지만, 지진시 구조물의 진동에 추종하고 ,탈락하지 않도록 충분한 걸림대가 필요하다.

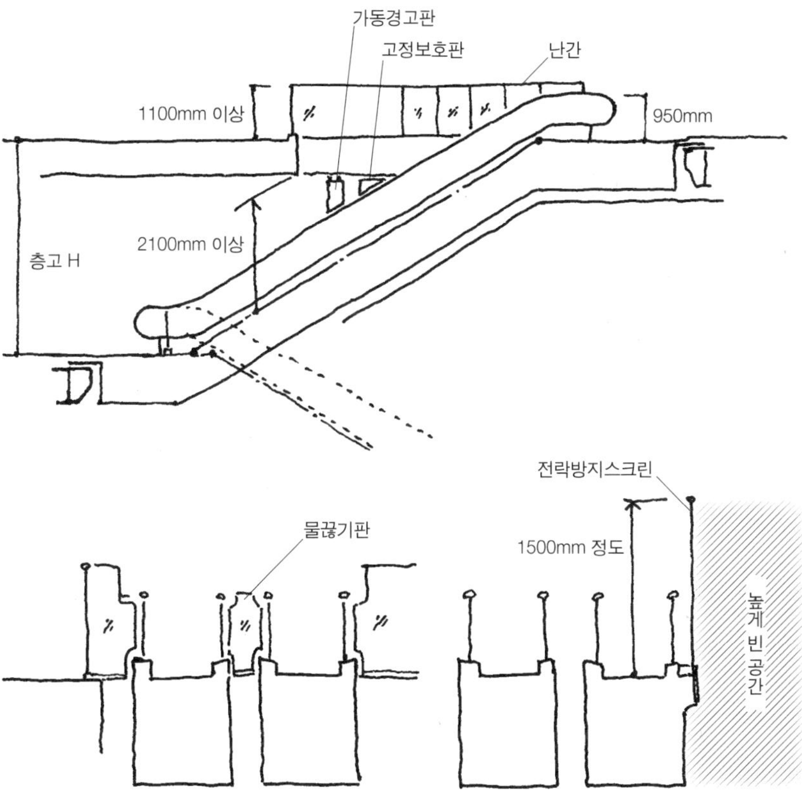

그림1 에스컬레이터의 안전대책

트러블 종류 · 예방의 포인트 일람

접점	번호	예방의 포인트	트러블										
			A	B	C	D	E	F	G	H	I	J	K
			내진·내구성	소음·진동	누수·침수	방로·단열	차음·흡음	급배기·취기	기능·효율	에너지절약	방재·안전	환경·미관	유지·보전
설비전반	001	설비의 사양 · 그레이드의 설정							●	●			
	002	설비기계실의 적절한 스페이스											●
	003	설비기기는 소음 · 진동의 원인		●								●	
	004	설비배관이 외벽을 관통하는 경우				●							
	005	설비배관은 외벽에 삽입하지 않는다	●		●	●							
	006	옥상에 배관(파이프)빼내기			●	●							
	007	옥상 기계기초의 방수아무림			●								
	008	설비배관이 내부 방수를 관통할 때			●								
	009	설비기기의 전도방지	●										
	010	배관류의 이음은 지진에 강하다	●										
	011	연약 지반 부지에 대한 매설관 인입	●										●
	012	설비 인프라를 인입할 때										●	
	013	전기실에 대한 누수대책			●						●		
	014	컴퓨터실의 이중바닥으로 오는 침입수 대책			●						●		
	015	피트 내의 누수는 감지하지 못한다			●								●
	016	전기 파이프 스페이스에 대한 침입수대책			●						●		●
	017	집합주택의 파이프스페이스에 대한 침입수대책			●						●		●
	018	메인터넌스를 고려한 파이프 스페이스											●
	019	건식 차음 칸막이 차음성능이 저하함					●						
	020	창고 내의 노출배관은 요주의			●				●				
	021	대형 설비기기는 업데이트를 고려											●
	022	방화구획 관통부의 처리는 확실하게									●		
	023	조작기기의 부착위치는 편리성과 미관도 고려							●			●	
	024	시스템 천장의 설비기구가 낙하함									●		
	025	시스템 천장은 소리 누출에 주의					●						
	026	천장 매닮 설비기기는 방진 · 내진대책을	●	●							●		
	027	높은 천장 점검은 안전하게									●		●
	028	이 점검구는 무엇을 위해											●
	029	점검구가 너무 많아 보기 흉하다										●	●

접점	번호	예방의 포인트	트러블										
			A	B	C	D	E	F	G	H	I	J	K
			내진·내구성	소음·진동	누수·침수	방로·단열	차음·흡음	급배기·취기	기능·효율	에너지절약	방재·안전	환경·미관	유지·보전
전기설비	030	고압 전기실에서의 소음 · 진동대책		●			●						
	031	천장에 매달린 조명기구는 탈락방지를		●							●		
	032	조명은 전구교체 · 기구교체를 고려한다											●
	033	침실 천장 조명이 눈부시다							●			●	
	034	조명은 색온도와 연색성(color rendering)										●	
	035	경철 칸막이벽 내의 배선은 보호가 필요									●		
	036	고주파로 인한 장애									●		
	037	접지극 도선에서의 누수			●								
	038	곤돌라에 의한 통신장애와 진동소음		●								●	
	039	태양광 발전 패널은 강풍과 방수에 주의	●		●					●			
	040	태양광 발전 패널의 반사광 장애								●		●	
공조설비	041	공조 옥외기는 소음대책을		●								●	
	042	공조 실외기는 배치에 따라 열교환효율이 변한다							●				
	043	공조 실외기가 눈에 파묻혔다							●				●
	044	냉동 · 냉장창고는 방열 · 방습이 중요				●							
	045	정온창고 바닥이 결로한다				●							
	046	정전기에 의한 방전 쇼크									●		
	047	열부하는 건축의 단열 사양으로 정해진다				●				●		●	
	048	지하 외벽은 결로한다				●							
	049	천장 냉방 취출구는 결로한다				●							
	050	천장형 공조기에서 누수			●								
	051	천장 안의 공간은 공조의 성능을 좌우한다							●				
	052	공간 형상에 적합한 공조 기류							●				
	053	모든 유리 개구부에는 냉기가 하강한다							●				
	054	천장 챔버 배연은 보 밑 공간이 필요							●		●		

접점	번호	예방의 포인트	트러블										
			A	B	C	D	E	F	G	H	I	J	K
			내진·내구성	소음·진동	누수·침수	방로·단열	차음·흡음	급배기·취기	기능·효율	에너지절약	방재·안전	환경·미관	유지·보전
공조설비	055	전산실 바닥 슬래브 뒷면은 결로한다				●							
	056	풍제실은 넓고 여유있게						●	●				
	057	에어 밸런스가 문의 개폐에 영향을 줌						●	●				
	058	배기구와 급기구는 세트로 설치한다						●	●				
	059	급배기 루버는 바람이 나오면 소리도 난다		●				●				●	
	060	배기 루버 부착위치는 풍향에 주의						●	●			●	
	061	급배기 루버는 외벽을 오염시킨다										●	●
	062	욕실은 급배기 균형이 중요						●	●				
	063	외벽 루버로 들어가는 빗물 침입 방지책			●								
	064	렌지후드에서 누설된 배기는 어떻게						●					
	065	주방 덕트 안에 기름에 불이 붙었다.						●			●		●
	066	집합주택의 환기구에는 소음 챔버를 설치한다		●				●					
	067	외기 흡입 덕트는 단열하여 결로를 방지한다				●							
	068	실내 온수풀의 천장 안은 24시간 환기				●							●
	069	화장실의 냄새가 남지 않게 배기						●					
	070	특고압 전기실의 온도유지			●			●			●		●
	071	주방의 냄새가 사무실로 유입						●				●	
급배수설비	072	주방 바닥 마감재											●
	073	집합주택의 물탱크의 소음 · 진동대책		●								●	
	074	집합주택의 배수관 소음 · 취기대책		●				●					
	075	집합주택의 세면실 · 욕실에서의 누수대책			●								
	076	급수배관의 노킹(수격현상)에 의한 소음 · 진동							●				●
	077	월풀 욕조의 진동소리가 아래층으로 전달		●									
	078	피트의 오수조는 부식한다										●	●
	079	방화 · 준방화지역 내에 있는 외부 물탱크									●		
	080	수경시설을 아름답게 유지하기										●	●

접점	번호	예방의 포인트	트러블										
			A	B	C	D	E	F	G	H	I	J	K
			내진·내구성	소음·진동	누수·침수	방로·단열	차음·흡음	급배기·취기	기능·효율	에너지절약	방재·안전	환경·미관	유지·보전
가스설비	081	굴뚝의 불량	●					●	●				
	082	가스기구의 급배기						●			●		
방재설비	083	소방활동용 개구부는 유효치수를 확보한다									●		
	084	소방 물탱크의 유효용량									●		
	085	실내 소화전의 위치는 사용쪽을 상정한다									●		
	086	소화기는 평소에 눈에 잘 띄는 곳에 둔다.									●		
	087	비상용 발전기의 연료 반입 경로									●		
	088	오일 탱크의 누유 대책									●		●
	089	낮은 위치의 스프링클러 헤드는 방호한다									●		●
	090	피뢰도체 설치 포인트									●		
	091	피뢰도체가 외벽을 오염시킨다										●	
	092	피뢰침은 바람에 진동한다		●									
승강기설비	093	엘리베이터 관련 공사		●	●			●			●		
	094	엘리베이터 피트의 용수대책			●								
	095	엘리베이터 승강로에 빗물이 들어가지 않게			●						●		
	096	엘리베이터 승강로는 굴뚝과 동일하게						●					
	097	엘리베이터 승강로 내의 온도는 40℃ 이하로						●			●		●
	098	집합주택 엘리베이터의 소음 · 진동대책		●									
	099	엘리베이터 인디게이터는 필요한가?							●				
	100	에스컬레이터의 안전대책									●		

마치며

「건축품질문제 예방의 포인트 100」을 출판한 후 건축과 설비와의 접점에 있어서 문제가 많기 때문에 이것을 써야 하는 것이 아닌가 하는 맘으로 집필하게 되었다.

설비기기나 배관 배선은 반드시 건축에 설치되어야 한다. 바닥에 설치되어 벽, 천장에 부착된다. 그 접합부 즉 「건축과 설비의 접점」에서 설비는 성능 · 기능을 발휘하는 것과 동시에 다양한 여러가지 문제도 발생한다.

본서는 설비 단독의 문제가 아니라 접점에서의 트러블 사례를 명시하여 그 원인과 대책을 제시하는 것으로, 더 나은 건물을 만드는 것에 도움이 되었으면 하는 바람이다.

책을 쓰면서 왜 문제가 발생하는가를 생각하는 것으로 중요한 것은 이 2가지를 새롭게 인식한다.

하나는 상대를 배려하는 것, 우선 건추주의 생각을 이해하고, 그 실현에서의 방향설정을 맞추는 것이다. 다음으로 건축 및 설비 작업시 서로 존중하고 배려하고, 의사소통을 하는 것이다. 이것은 설계에서 시공, 그리고 유지 · 관리에 이르기까지 모든 프로세스에서 중요한 것이다.

또 하나는 문제를 예측하는 것, 문제를 미리 예측하면 대책을 검토할 수 있다. 완성형 이미지가 있다면 어떻게 실현할 것인지 생각할 수 있다. 이것은 제조의 기본으로 설계초기에 고려하고, 늦어도 시공에 착수하기 전에 검토가 완료되었는지가 중요하다. 본서가 문제없는 건물을 실현하는데 조금이라도 도움이 되었으면 좋겠다.

이 책의 출판에 즈음해, 일반사단법인 일본건축협회 및 동 출판위원회 위원장 西博康 씨를 비롯해 위원회의 여러 분들의 지원과 지도편달 , 일반재단법인 일본건축종합시험소 · 平澤隆志 씨도 소중한 의견을 받았다. 특히 學藝出版社의 岩崎健一郎 씨는 출판을 위한 많은 제안을 해주고, 또한 교정에 헌신적인 노력을 해주었다. 여기에 깊이 감사하는 바이다.

도해 건축과 설비의 접점

ISBN 978-89-5592-425-1

2020년 1월 10일 1쇄 발행

저자 / 仲本 尙志(나가모토 타가시) · 馬渡 勝昭(마와타리 가쯔아키) ·
赤澤 正治(아카자와 마사하루)
역자 / 건축정보센터
펴낸이 / 김기현

발행처 / 도서출판 시공문화사
등 록 / 1993년 3월 12일
주 소 / 서울시 서대문구 현저동 200번지 극동상가 5층
전 화 / 02)3147-1212 · 2323
팩 스 / 02)3147-2626

인 쇄 / 예림인쇄
제 본 / (주)서정바인텍
제 판 / 예림인쇄
용 지 / (주)대림지업사

정가 20,000원